JN002107

作って学べる

HTML
Living
Standard
対応

HTML+
JavaScript
の基本

WINGSプロジェクト

山内直 著 **山田祥寛** 監修

日経BP

はじめに

　本書はHTML、CSS、JavaScriptを使って、スマートフォン（Android／iPhone）上で実行するWebアプリケーションを作成する手順を体験できる入門書です。全9章を順番に学習することで、HTMLによるアプリケーション作成に必要な基礎知識、開発環境の準備、画面のデザイン、コードの書き方などを学習できます。

実施環境

- ●本書の執筆にあたって、次の環境を使用しました。
  - ・開発用パソコン
    OS：Windows 11 Pro 22H2 64ビット
    ブラウザー：Google Chrome 112
    Node.js：18.15.0
    Visual Studio Code：1.77.3
  - ・Android端末
    OS：Android 10.0
    ブラウザー：Google Chrome 112
  - ・iPhone端末
    OS：iOS 16.3
    ブラウザー：Google Chrome 110
- ●本書での操作手順と実行結果は、Android 10.0環境を基本としています。iOS 16.3環境で手順や結果が異なるときは、必要に応じて違いを説明しています。
- ●お使いのパソコン/スマートフォンの設定や、ソフトウェアの状態によっては、画面の表示が本書と異なる場合があります。
- ●本書に掲載したWebサイトに関する情報は、本書の執筆時点で確認済みのものです。Webサイトは内容やアドレスの変更が頻繁に行われるため、本書の発行後に、画面や記述の変更、追加、削除やアドレスの移動、閉鎖などが行われる場合があります。あらかじめご了承ください。

本書の使い方

- ●表記について
  - ・メニュー名やコマンド名、ボタン名など、画面上に表示される文字は［ ］で囲んで示します。
    例：［ファイル］メニューから［名前を付けて保存］を選択する。
  - ・キーボードで入力する文字は、色文字で示します。
    例：albumと入力して、Enter キーを押す。

・コードは次のような書体になっています。アルファベットのO（オー）と区別するために、数字の0（ゼロ）を「ø」という文字で示しています。実際に入力するときは、数字の0を入力します。

```
let msg = `<strong>${h(item.subject)}</strong><br />${h(item.memo)}`;
if (item.picture) {
  msg += `<br /><img src="${h(item.picture)}" width="100" height="100" />`;
}
```

●囲み記事について
・「ヒント」は他の操作方法や知っておくと便利な情報です。
・「注意」は操作上の注意点です。
・「用語」は本文中にある用語の解説です。
・「参照」は関連する機能や情報の参照先を示します。
●手順の画面について
・左側の手順に対応する番号を、色の付いた矢印で示しています。
・手順によっては、画面上のボタンや入力内容などを拡大しています。

サンプルファイルのダウンロードと使い方

　本書で作成するサンプルアプリの完成例、およびサンプルアプリの作成に使用する素材（画像ファイルなど）は、日経BPのWebサイトからダウンロードできます。サンプルファイルをダウンロードして展開する手順は次のとおりです（ファイルのダウンロードには日経IDおよび日経BOOKプラスへの登録が必要です。登録はいずれも無料です）。

1. ブラウザーで次のURLを開き「サンプルファイルのダウンロード」をクリックする。
https://nkbp.jp/070701
2. ダウンロード用のページが表示されたら、説明内容を確認してダウンロードする。
3. ダウンロードしたZIPファイルを展開（解凍）すると［HTMLLS入門］というフォルダーができる。

　それぞれのフォルダーと本文との対応は、次の表のようになります。いくつかの章を通じて1つのアプリを作っていきますので、各章の終わりや途中でいったんやめるときには、必ず作成したアプリを保存しておいてください。

フォルダー名	内容
完成例	各章で作成したアプリの完成例がすべて保存されています。
素材	本書で使用する画像ファイルなどの素材が保存されています。

目次

目次

目　次

第 **1** 章

HTMLの基本を
理解しよう

この章では、まず本書のテーマのひとつであるHTML
とはなにか、HTMLを取り巻く周辺技術とお互いの関
係について概観します。また、スマホ環境でHTMLと
いう技術を採用する理由について見てみましょう。
本格的にアプリを開発していくに先立って、まずは全
体を見渡すことで、以降の学習の手がかりとしてくだ
さい。

HTMLとは？

1.1

まずは、本書のテーマのひとつであるHTMLとはなにかということについて、理解しておきましょう。

HTMLとはなにか

HTMLとは「HyperText Markup Language」の略で、Webページを作成するための言語です。Google ChromeやMicrosoft Edgeなどのブラウザーで閲覧できるページのほとんどは、HTMLで作成されていると思ってよいでしょう。

Webページは HTML で作成されている

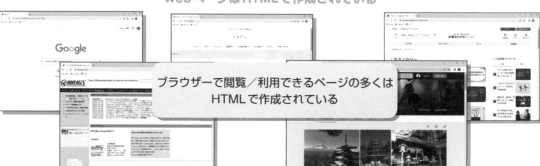

ブラウザーで閲覧／利用できるページの多くは
HTMLで作成されている

HTMLでは、**タグ**が基本です。＜タグ＞〜＜／タグ＞という形式でテキストに目印を付けていきます。次の図であれば、＜p＞〜＜／p＞で囲まれた部分は文の段落を、＜a＞〜＜／a＞で囲まれた部分はハイパーリンクを表します。

タグによって、文書に意味や役割を割り当てていくわけですね。

HTML はタグが基本

Power BI
データ分析入門

発行　日経BP
発売　日経BPマーケティング

第1章

Power BI の概略と
利用環境

「Power BI」は、データを分析してビジネスに役立てるビジネスインテリジェンスツールの一種です。Power BI は無料で始めることができ、企業では標準的なツールになりつつあります。本章では、Power BI の特徴や入手方法などを解説していきます。

1-1 BI ツールと Power BI

1-2 Power BI ツールとライセンス

1-3 Power BI サービスの登録と Power BI Desktop のインストール

1-1　BI ツールと Power BI

BI ツールはどのようなものか、Power BI にはどのような特徴があるのか確認しましょう。

1-1-1　BI ツールとは

　最近、「BI」や「BI ツール」などの言葉をよく聞くようになってきました。BI とは、Business Intelligence（ビジネスインテリジェンス）の略語で、組織や企業に蓄積された情報を分析して意思決定に活用する手法を指します。

　企業には、製造、販売や、それらにまつわる人件費や諸経費、会計など、さまざまな情報が膨大に蓄積されています。BI ツールは、膨大な情報から必要な情報を収集し、グラフや表などで可視化して、分析するためのツールです。

　BI ツールでは、主に次のようなことができます。

情報の収集・蓄積
業務システム、テキストファイル、Excel、などの
さまざまな形式の情報を収集・蓄積

情報の集計・可視化
グラフや表の形式で集計・可視化した
レポートを作成できます

業務システム　CSV ファイル　Excel

Power BI
Desktop

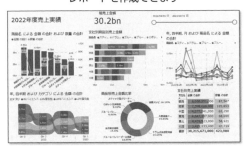

1-1-2　Power BI の特徴

　本書で解説する Power BI は、Microsoft 社が提供・販売する BI ツールで、セルフ BI ツール（個人利用できる BI ツール）のひとつです。

Power BI には

- パソコンで利用できるアプリが無料で、インストールも簡単
- データ連携、操作方法は Excel、Access、SQL Server などの Microsoft 社製品と高度な親和性を保有
- 月、四半期、年でデータを切り替えるなど、動的なレポートが作成可能
- 特別な環境構築の必要がなく、BI ツールを試したいユーザーが簡単に利用可能

などの特徴があります。

1-1-3　Power BI と Excel の違い

　Power BI は、Excel から派生してできたアプリケーションです。そのため、Power BI でできることは、一見 Excel でもできるように見えますが、Power BI と Excel では以下の違いがあります。

　それぞれのアプリケーションでできることを知ったうえで、どちらが適切か考えて資料作成を行いましょう。

	Power BI	Excel
月、四半期、年などの動的なデータ分析	◎ 瞬時に切り替え可能	△ 見たい単位での集計、 グラフ作成を行う必要あり
データの更新	◎	○
大容量データ対応	◎ Excel の行数を超えるデータも可能	○ 1,048,576 行まで
高速処理	◎	△ パソコンのメモリに依存
複雑な計算	△	◎

One Point　**Power BI で作られた Web サイト**

東京都財務局では、予算や決算、政策評価や事業評価などを Power BI を使って可視化し、Web に公開して誰でも閲覧できるようにしています。Power BI は、このようなサイトも作成できます。

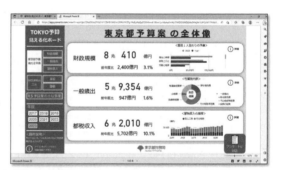

https://www.zaimu.metro.tokyo.lg.jp/zaisei/dashboard.html
「引用：東京都財務局 都財政の見える化ボード、TOKYO 予算見える化ボード」

1-2 Power BI ツールとライセンス

Power BI ツールの種類とライセンスについて確認しましょう。

1-2-1 Power BI ツールの種類

Power BI には、次の 3 つのツールがあります。利用環境や用途に応じて 3 つのツールを相互に連携して使用します。

	Power BI Desktop	Power BI サービス	Power BI Mobile
利用環境	Windows デスクトップアプリケーション	オンラインサービスのソフトウェア	Android、iOSデバイス向けのアプリ
用途	Windows パソコンでレポート作成を行う	Web でレポートの共有を行う	スマートフォン、タブレット端末でアクセスする
料金	無料	有料	アプリは無料、Power BIサービスへの加入が必要

1-2-2 Power BI サービスの料金とライセンス

一人ひとりのパソコンに Power BI Desktop をインストールして、パソコン単体でのレポート作成やデータ分析は無料で利用できます。作成したレポートを共有し Web やモバイル端末から参照したい場合は有料での利用となり、Power BI サービスに登録する必要があります。

Power BI サービスのライセンス形態は、次のものが用意されています。

サービス名	ライセンス形態	料金[2]
Power BI Pro[1]	ユーザー単位	1 カ月　　1,250 円
Power BI Premium	ユーザー単位	1 カ月　　2,500 円
	容量単位	1 カ月　624,380 円〜

※ 1：Power BI Pro は Microsoft 365 E5 に含まれています。
※ 2：2023 年 5 月時点の料金。最新の料金は Microsoft 社の Web サイトでご確認ください。

1-3 Power BI サービスの登録と Power BI Desktop のインストール

Power BIで分析を行う前にPower BI サービスの登録とPower BI Desktopのインストールを行います。
Power BI サービスに登録するには、メールアドレスとユーザー情報の入力が必要になります。
Power BI サービスには試用版があり、無料で始めることができます。

1-3-1 Power BI サービスの登録

Power BI サービスに登録するときは、会社や学校などの組織から割り当てられたメールアドレスまたは独自ドメインのメールアドレスが必要です。

Outlook.com や Yahoo！メール、Gmail などのフリーメールアドレスや BIGLOBE、So-net、OCN、@nifty などのプロバイダーのメールアドレスは利用することができませんので、注意してください。

> **Tips** 個人利用の場合
>
> 2 章、3 章で解説する Power BI Desktop でレポートの作成を行うだけなら、必ずしも Power BI サービスに登録する必要はありません。

操作 Power BI サービスに登録する

Power BI サービスの試用版に登録しましょう。

Step 1 ▶ ブラウザーで Power BI の試用版の概要ページを表示します。

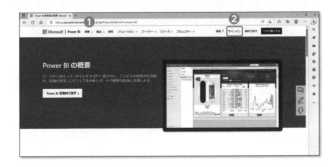

❶ ブラウザーを起動して、アドレスバーに「https://powerbi.microsoft.com/ja-jp/getting-started-with-power-bi/」と入力します。

❷ [サインイン] をクリックします。

Step 2 ▶ Power BI サービスに登録するメールアドレスを入力します。

❶ 「メールを入力してください。新しいアカウントを作成する必要があるかどうかを確認します。」ボックスに、Power BI サービスにサインアップするメールアドレスを入力します。

❷ [送信] をクリックします。

Step 3 ▶ Power BI サービスに登録するアカウントの種類を選択します。

❶ 「メールの種類は何ですか？」の「組織から入手しました」を選択します。

❷ [次へ] をクリックします。

Tips メールアドレスのオプション

メールアドレスのオプションは、必ず「組織から入手しました」を選択してください。「私の個人メール」を選択すると、再度組織のアドレスの入力を求める画面に遷移します。

Step 4 ▶ Power BI サービスに作成するアカウントの本人確認を行います。

❶ 「自分にテキストメッセージを送信（SMS 認証）」または「自分に電話（音声通話認証）」を選択します。

❷ [電話番号] に本人確認ができる電話番号を入力します。

❸ [確認コードを送信] をクリックします。

Step **5** ▶ 本人確認の認証コードを入力します。

❶「認証コードを入力します」ボックスに、SMS または音声通話で確認した認証コードを入力します。

❷［確認］をクリックします。

Tips 認証コードの再取得

認証コードを取得できなかった場合、または新しいコードが必要な場合は、［もう一度お試しください。］をクリックすると、ひとつ前の画面に遷移し、認証コードを再度取得できます。

Step **6** ▶ アカウント作成用の確認コードを確認します。

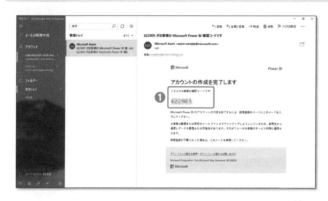

❶ 本人確認が完了すると、メールでアカウント作成用の確認コードが指定したメールアドレスに送信されます。メールアプリを起動して確認コードを控えておきます。

Step 7 ▶ Power BI サービスに登録するユーザー情報を入力します。

❶ 「姓」「名」ボックスに、Power BI サービスに登録するユーザーの姓名を入力します。

❷ 「勤務先の電話番号」ボックスに勤務先に電話番号を入力します。

❸ メールアドレスボックスに登録するメールアドレスが表示されていることを確認します。

❹ 「パスワードの作成」、「パスワードの確認」ボックスに Power BI サービスにサインアップするパスワードを入力します。

❺ 「確認コード」ボックスに Step6 で確認した確認コードを入力します。

❻ ［次へ］をクリックします。

Step 8 ▶ Power BI サービスのアカウントが作成されたことを確認します。

❶ 「お客様のユーザー名」に登録したメールアドレスが表示されていることを確認します。

❷ ［作業の開始］をクリックします。

Step 9 ▶ Power BI サービスのホーム画面が表示されます。

❶ Power BI のホーム画面が表示されていることを確認し、画面を閉じます。

1-3-2 Power BI Desktop のインストール

Power BI サービスに登録できたら、パソコンに Power BI Desktop をインストールします。Power BI Desktop には、Microsoft Store からアプリとしてインストールするストア版と、Power BI の Web サイトから入手可能なダウンロード版があります。本書ではストア版をインストールすることをお勧めします。ストア版は Power BI Desktop が更新されると自動的に更新されます。

最小システム要件

OS	Windows 8.1 以降、.NET 4.6.2 以降
ブラウザー	Microsoft Edge
メモリ（RAM）	2GB 以上使用可能、4GB 以上を推奨
ディスプレイ	1440 × 900 ドット以上または 1600 × 900 ドット（16:9）が必要
CPU	1 ギガヘルツ（GHz）、64 ビット（x64）プロセッサ以上を推奨
Windows の表示設定	表示設定でテキスト、アプリ、その他の項目を 100% より大きいサイズに変更してある場合、一部のダイアログボックスを表示できないことがあります。この問題が発生した場合は、[設定] アプリの [システム] にある [表示] で表示設定を確認し、100% に戻します。

操作 **Power BI Desktop をインストールする**

Microsoft Store から Power BI Desktop をインストールしましょう。

Step 1 ▶ **Microsoft Store で Power BI Desktop を検索します。**

❶ Microsoft Store を起動します。

❷ 検索ボックスに「Power BI」と入力します。

❸ [Power BI Desktop]をクリックします。

1 Power BI の概略と利用環境

Step 2 ▶ Power BI Desktop をインストールします。

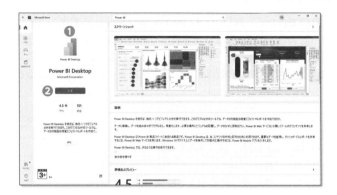

❶ Power BI Desktop の画面に遷移します。

❷ ［入手］をクリックします。

Step 3 ▶ Power BI Desktop を起動します。

❶ インストールが完了するとボタンの名前が［開く］に変わります。

❷ Microsoft Store を閉じます。

Step 4 ▶ Power BI Desktop を起動します。

❶ ［スタート］ボタンをクリックし［すべてのアプリ］をクリックします。

❷ ［Power BI Desktop]をクリックします。

Step 5 ▶ Power BI Desktop が起動します。

❶ [ようこそ] 画面が表示されます。

❷ 閉じるボタンで [ようこそ] 画面を閉じます。

操作 Power BI Desktop にサインインしオプションを設定する

Power BI Desktop にサインインし、オプションで使用する地域を設定しましょう。

Step 1 ▶ Power BI Desktop にサインインします。

❶ [サインイン] をクリックします。

❷ [メール] ボックスに Power BI サービスのユーザー名に登録したメールアドレスを入力します。

❸ [続行] をクリックします。

> **Tips** サインイン
>
> 組織や企業で作成したレポートを Power BI サービスで共有する場合はサインインする必要がありますが、個人でレポート作成を行う場合は、必ずしもサインインする必要はありません。

1

Power BI の概略と利用環境

Step 2 ▶ サインインするアカウントを選択します。

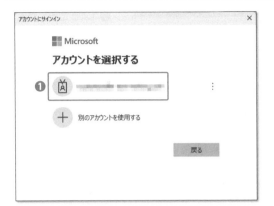

❶ Power BI サービスのユーザーとして登録し
たアカウントをクリックします。

Step 3 ▶ サインインするパスワードを入力します。

❶ 登録したパスワードを入力します。

❷ [サインイン] をクリックします。

Step 4 ▶ Power BI Desktop のオプションを表示します。

❶ [ファイル] をクリックします。

❷ [オプションと設定] をクリッ
クします。

❸ [オプション] をクリックしま
す。

Step 5 ▶ グローバルの地域の設定を変更します。

❶ [グローバル] の [地域の設定] をクリックします。

❷ [モデルの言語] の一覧の [日本語（日本）] をクリックします。

❸ [OK] をクリックします。

Tips モデルの言語

モデルの言語は、データ内の文字列の比較や日付フィールドの作成に使われます。レポートが最初に作成されるときに適用されるため、事前に設定を変更、確認することをお勧めします。

Step 6 ▶ 設定変更のメッセージを確認します。

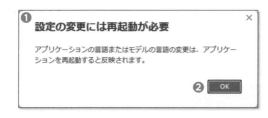

❶ 「設定の変更には再起動が必要」のメッセージが表示されます。

❷ [OK] をクリックします。

One Point ダウンロード版のインストール

セキュリティなどの都合で Microsoft Store が無効になっている場合は、ダウンロード版を
インストールします。ダウンロード版は Power BI の Web サイトから入手します。

1. ブラウザーのリンクバーに
「https://powerbi.microsoft.
com/ja-jp/desktop/」と入力し
ます。

2. [ダウンロードまたは言語のオプ
ションを表示する>]をクリッ
クします。

3. [言語を選択]ボックスの一覧の
[日本語]をクリックし[ダウン
ロード]をクリックします。

※英語のサイトが表示された場合
は、一覧の「Japanese」をクリッ
クしてください。

4. [ダウンロードするプログラムを
選んでください。]の
「PBIDesktopSetup_x64.exe」
をクリックし、[次へ]をクリッ
クして 64 ビット版のインストー
ラーをダウンロードします。

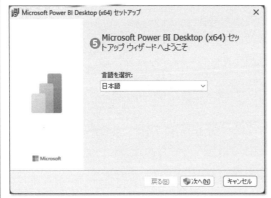

5. ダウンロードしたインストーラー
をダブルクリックして起動しま
す。インストーラーに従って
Power BI Desktop をインス
トールします。

Power BI Desktop でのレポート作成

本章では、「Power BI Desktop」を使ってみます。ExcelやCSVファイルからデータを取り込み、グラフを作成してみましょう。データの集計方法を切り替える機能などを使うと、データの傾向を把握しやすくなります。ここでは、レポートを作成するまでの手順を解説します。

 を追加する

2-1 Power BI Desktop で作る 動的なレポート

Power BI Desktop では、例えば 1 年分の日付を持っているデータを、日、月、四半期、年の表示に瞬時に切り替えたり、ある商品を選択すると、他のグラフや表も同じ商品の表示に切り替えたりすることができます。

この章では、単年度の売上レポートを作成します。本書では、生活家電、AV 家電のデータ分析を例に説明します。

2-1-1 Power BI Desktop の画面構成

初めに Power BI Desktop の画面構成を確認しましょう。

名称	機能
❶ タイトル バー	ファイル名などが表示されます。
❷ ユーザー アカウント	現在のユーザーアカウントが表示されます。クリックするとアカウントの設定や切り替えが行えます。
❸ リボン	Power BI Desktop で使うコマンドを割り当てたボタンが機能ごとにパネルに分類、配置されています。
❹ [レポート ビュー] ボタン	グラフやテーブルなどを作成する画面に切り替えます。既定のビューはレポートビューです。
❺ [データ ビュー] ボタン	データの加工や整形を行う画面に切り替えます。
❻ [モデル ビュー] ボタン	取り込んだデータの関連付け（リレーションシップの設定）を行う画面に切り替えます。
❼ レポートキャンバス	グラフやテーブルなどを作成する領域です。
❽ ページ タブ	レポートのページを選択できます。ページ タブは追加することができます。
❾ [フィルター] ペイン	取り込んだデータの抽出条件（フィルター）を指定する画面です。
❿ [視覚化] ペイン	グラフやテーブルなどのビジュアルの作成や書式設定を行う画面です。
⓫ [データ] ペイン	取り込んだデータの設定を行う画面です。

2-1-2　単年度の売上レポートの確認

完成例を開いて、作成するレポートのイメージを確認しましょう。

・この章で作るレポート

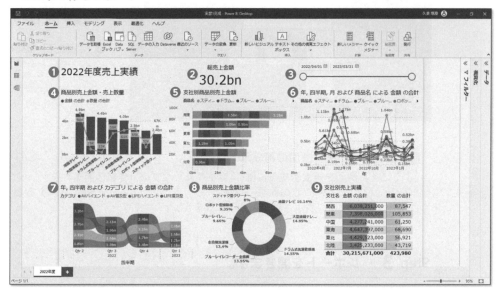

❶テキストボックス	❷カード	❸スライサー
❹複合グラフ	❺積み上げ横棒グラフ	❻折れ線グラフ
❼リボングラフ	❽ドーナツグラフ	❾テーブル

操作　完成例を開く

Power BI Desktop を起動し「実習 1 完成」ファイルを開きましょう。

Step 1 ▶ Power BI Desktop を起動します。

Step 2 ▶ [ようこそ] 画面を非表示にします。

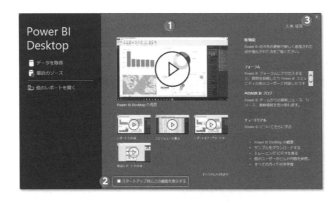

❶ [ようこそ] 画面が表示されます。

❷ [スタートアップ時にこの画面を表示する] チェックボックスをオフにします。

❸ [ようこそ] 画面を閉じます。

Tips [ようこそ] 画面の再表示

[ようこそ] 画面を再表示するには、[ファイル] タブの [作業の開始] をクリックします。[スタートアップ時にこの画面を表示する] チェックボックスをオンすると Power BI Desktop の起動時に表示されるようになります。

Step 3 ▶ レポートを開きます。

❶ [ファイル] をクリックします。

❷ [レポートを開く] をクリックします。

❸ [レポートの参照] をクリックします。

Step 4 ▶ 開くファイルを指定します。

❶ [ドキュメント] の「Power BI」をダブルクリックします。

❷ [実習データ] をダブルクリックします。

❸ 「実習1完成」をダブルクリックします。

> **Tips** **Power BI Desktop で作成したファイルの拡張子**
> Power BI Desktop で作成したファイルの拡張子は「.pbix」です。
> Windows の既定値では拡張子は非表示になっています。

Step **5** ▶ 実習ファイルが開きます。

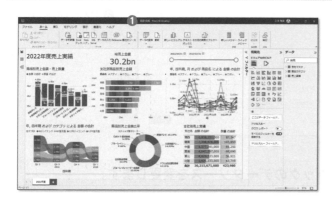

❶ タイトルバーに「実習1完成」
と表示されていることを確認
します。

操作　**データソースの参照元を変更する**

　Power BI Desktop で作成したレポートの元データ（データソース）は、レポート作成
者のデータソースにリンクされています。実習ファイルのデータを参照するように、デー
タソースの参照元を変更しましょう。

Step **1** ▶ ［データソース設定］ ウィンドウを開きます。

❶ ［ホーム］タブの［データの変
換］の▼をクリックします。

❷ ［データソース設定］をクリッ
クします。

Step 2 ▶ 現在の Excel ブックのデータソースを確認します。

❶ [現在のファイルのデータソース] が選択されていることを確認します。

❷ [2022 売上実績 .xlsx] が選択されていることを確認します。

❸ [ソースの変更] をクリックします。

Step 3 ▶ Excel ブックのデータソースを変更します。

❶ [ファイル パス] にレポート作成者のファイルが表示されていることを確認します。

❷ [参照] をクリックします。

Step 4 ▶ Excel ブックの参照元を実習ファイルに変更します。

❶ [ドキュメント >Power BI>実習データ] と表示されていることを確認します。

❷ [2022 売上実績] をクリックします。

❸ [開く] をクリックします。

Step 5 ▶ Excel ブックのファイルパスが実習ファイルに変わったことを確認し [OK] をクリックします。

Step 6 ▶ 現在の CSV ファイルのデータソースの参照元を確認します。

❶ [商品カテゴリ .csv] をクリックします。

❷ [ソースの変更] をクリックします。

Step 7 ▶ CSV ファイルのデータソースを実習ファイルに変更します。

❶ [ファイル パス] にレポート作成者のファイルが表示されていることを確認します。

❷ [参照] をクリックします。

Tips コンマ区切り値

Power BI では、項目間をコンマで区切った CSV ファイルなどのテキストファイルことを「コンマ区切り値」といいます。

2

Power BI Desktop でのレポート作成

Step **8** ▶ CSV ファイルの参照元を実習ファイルに変更します。

❶ [ドキュメント >Power BI> 実習データ] と表示されていることを確認します。

❷ [商品カテゴリ] をクリックします。

❸ [開く] をクリックします。

Step **9** ▶ CSV ファイルのファイルパスが実習ファイルに変わったことを確認し[OK]をクリックします。

Step **10** ▶ 現在のファイルのデータソースの参照元が実習ファイルに変わったことを確認し[閉じる]をクリックします。

Tips 保留中の変更

「変更されていない保留中の変更がクエリにあります。」というメッセージが表示されたら[変更の適用]をクリックします。

2-1-3　動的なレポートの操作

動的なレポートでどんなことができるか確認しましょう。

操作　レポートの動作を確認する

Power BI Desktop で作成したレポートが動的に変化することを確認しましょう。

Step **1** ▶ ドーナツグラフの一つの商品を選択します。

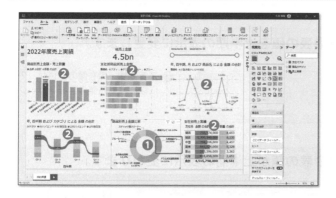

❶ ドーナツグラフの「大型液晶テレビ」をクリックします。

❷ 他のグラフや表も連動して選択されることを確認します。

Step **2** ▶ 商品の選択を解除します。

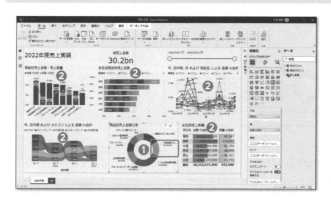

❶ もう一度ドーナツグラフの「大型液晶テレビ」をクリックします。

❷ グラフや表の選択も解除されます。

Tips　選択の解除

選択した項目（ここでは商品）を解除するには、もう一度同じ項目をクリックします。

Step 3 ▶ 折れ線グラフの詳細データを確認します。

❶「2022年7月」の折れ線グラフをポイントします。

❷ 詳細データが表示されることを確認します。

Step 4 ▶ グラフや表の値を上半期の表示に変更します。

❶ スライサーの右側の日付が「2022/09/30」になるまで右側の○をドラッグします。

Step 5 ▶ グラフや表の値が上半期の表示に変わります。

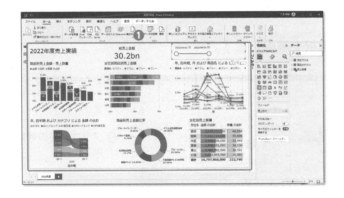

❶ レポートの表やグラフの値が上半期の表示に変わります。

Tips　総売上金額の表示

総売上金額は値が変わらない設定をしているため、表示は変わりません。

Step 6 ▶ グラフや表の値を 1 年間の表示に戻します。

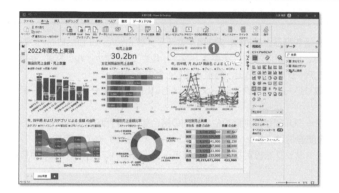

❶ スライサーの右側の日付が
「2023/03/31」になるまで右
側の○をドラッグします。

Step 7 ▶ レポートの動作確認が終わったら Power BI Desktop を閉じます。

Step 8 ▶ 保存の確認メッセージが表示されたら［保存しない］をクリック
します。

2-2　データの取り込みと整形

　Power BI Desktop で分析を行うときは、まず使用するデータを Power BI Desktop に取り込みます。
　Power BI Desktop では、Excel ブック、テキストファイルや CSV ファイル、SQL Sever をはじめとしたデータベースなどからデータを取り込み、整形することができます。
　Power BI Desktop に取り込んだデータをデータソースといいます。データソースは、テーブルとして保存されます。
　Power BI Desktop のテーブルでは四則演算や文字列の結合なども行うことができます。
　また、複数のテーブルを関連付けること（リレーションシップの設定）ができます。
　テーブル間にリレーションシップを設定すると、元のテーブルにないフィールドを利用した分析ができます。

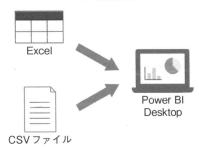

データの取り込み

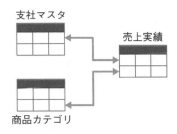

リレーションシップの設定

テーブル間に同じデータを持つ項目
（例えば商品名）があるとテーブルの
関連付けができます。

2-2-1　データの取り込み

　仕事でよく扱う Excel ブック、CSV ファイルを Power BI Desktop に取り込みましょう。

操作　Excel ブックからデータを取り込む

　Excel ブック「2022 売上実績 .xlsx」から、「売上実績」シート、「支社マスタ」シートのデータを取り込んでデータを確認しましょう。

Step 1 ▶ Power BI Desktop を起動します。

Step 2 ▶ 取り込むデータを指定します。

❶ [ホーム]タブの[Excel ブック]
をクリックします。

Step 3 ▶ 取り込む Excel ブックを指定します。

❶ [ドキュメント] フォルダーの
[Power BI] を開き [実習デー
タ] をダブルクリックします。

❷ [2022 売上実績] をダブルク
リックします。

Step 4 ▶ 取り込むシートを確認し、データを変換します。

❶ [ナビゲーター] ウィンドウの
左側に、取り込むブック「2022
売上実績 .xlsx」とワークシー
ト名が表示されます。

❷ 「支社マスタ」、「売上実績」を
選択します。

❸ プレビューで 1 行目が項目名、
2行目以降がデータとして認識
されていることを確認します。

❹ [データの変換] をクリックし
ます。

Step 5 ▶ Power Query エディターで取り込まれたデータを確認します。

❶ [クエリ]に取り込まれたシート名が表示されます。

❷ 取り込まれたデータを確認します。

❸ [閉じて適用]をクリックします。

Step 6 ▶ [データ]ペインに取り込んだシートが表示されます。

❶ [データ]ペインに取り込んだシート「支社マスタ」、「売上実績」が表示されていることを確認します。

34

操作　CSV ファイルを取り込む

CSV ファイル「商品カテゴリ」を取り込み、データの項目名（フィールド名）を設定しましょう。

Step 1 ▶ 取り込むデータを指定します。

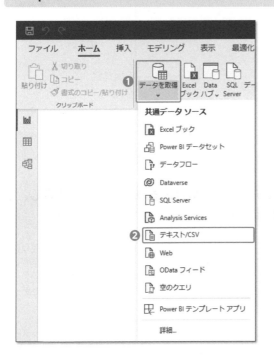

❶ ［ホーム］タブの ［データを取得］の▼をクリックします。

❷ ［テキスト /CSV］をクリックします。

Step 2 ▶ 取り込む CSV ファイルを指定します。

❶ ［ドキュメント> Power BI > 実習データ］と表示されていることを確認します。

❷ ［商品カテゴリ］をダブルクリックします。

Step **3** ▶ 取り込む CSV ファイルを確認し、データを変換します。

❶ [商品カテゴリ.csv] と表示されていることを確認します。

❷ プレビューで 1 行目のフィールド名が認識されていないことを確認します。

❸ [データの変換] をクリックします。

Step **4** ▶ Power Query エディターで取り込まれたデータを確認し、1 行目を フィールド名に指定します。

❶ [クエリ] に取り込まれた CSV ファイルの名前が表示されます。

❷ 取り込まれたデータを確認します。

❸ [1 行目をヘッダーとして使用] をクリックします。

❹ 1 行目がフィールドとして認識されたことを確認します。

❺ [閉じて適用] をクリックします。

Tips 1 行目をヘッダーとして使用

CSV ファイルはフィールド名が自動的に設定されないため、Power Query エディターの [ホーム] タブの [1 行目をヘッダーとして使用] ボタンをクリックして手動で設定します。

Step 5 ▶ Power BI Desktop の画面に取り込んだ CSV ファイル名が表示されます。

❶［データ］ペインに取り込んだ CSV ファイル「商品カテゴリ」が表示されていることを確認します。

One Point Power BI Desktop に取り込めるデータ

Power BI Desktop は、ファイル、データベース、Power Platform、Azure、オンラインサービスなどのさまざまなデータを取り込むことができます。主なものは次の通りです。

データの種類	種類
ファイル	Excel ブック、テキスト /CSV、XML、フォルダー、PDF など
データベース	SQL Server データベース、Access データベース、Oracle Database、MySQL データベース、PostgreSQL データベースなど
Power Platform	Power BI データセット、Dataverse など
Azure	Azure SQL Database、Azure Synapse Analysis SQL、Azure Analysis Services データベース、Azure Database for PostgreSQL など
オンラインサービス	SharePoint Online リスト、Microsoft Exchange Online、Google アナリティクス、Adobe Analytics など
その他	Web、SharePoint リスト、Python スクリプト、ODBC など

2-2-2　データの書式設定と計算列の作成

Power BI Desktop に取り込んだデータはデータビューで確認します。取り込んだデータのことをテーブルといいます。データビューではテーブルのデータ型の確認や、データの書式設定、四則演算などの計算列の作成ができます。

・データビュー

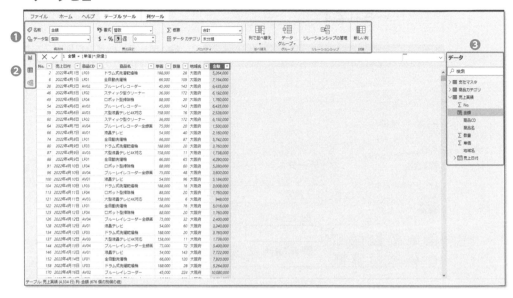

	名称	機能
❶	[列ツール] タブ	データ型の確認、データの書式設定、計算列の作成などを行う
❷	ビュー	レポート、データ、モデルなどのビューの切り替えを行う
❸	[データ] ペイン	取り込んだデータ（テーブル）、フィールド名が表示される

操作 データビューでデータの確認と書式設定を行う

データビューに切り替えて、取り込んだデータの確認と書式設定を行いましょう。

Step 1 ▶ データビューに切り替えます。

❶ [データビュー] をクリックします。

Step 2 ▶ データビューで取り込んだデータを確認します。

❶ データビューに切り替わります。

❷ [データ] ペインで選択されたテーブルのデータが表示されていることを確認します。

Step 3 ▶ テーブル[売上実績]のデータを確認します。

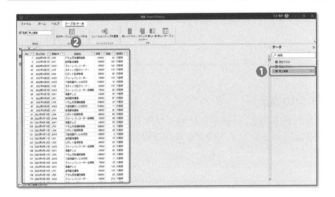

❶ [売上実績] をクリックします。

❷ [売上実績] のデータが表示されます。

Step 4 ▶ フィールド[単価]にコンマの書式を設定します。

❶ フィールド [単価] をクリックします。

❷ [名前] ボックスにフィールド名の「単価」、[データ型] ボックスに「整数」と表示されていることを確認します。

❸ [この列の値を、3桁区切り記号のコンマを付けて表示します] をクリックします。

Tips データ型

データ型は、フィールドのデータの種類を表しています。データ型には「整数」などの数値型、「日付」などの日付型、文字データを意味する「テキスト型」などがあります。データ型によって設定可能な書式が変わります。

Step 5 ▶ フィールド［数量］にコンマの書式を設定します。

❶ フィールド［単価］にコンマの書式が設定されたことを確認します。

❷ 同様にしてフィールド［数量］にコンマの書式を設定します。

Tips ［データ］ペインの表示

テーブルのフィールドを選択すると、［データ］ペインでテーブルが展開され、フィールド名が表示されます。Σは数値型、カレンダーのアイコンは日付型のフィールドであることを表しています。

操作 計算列［金額］、［カテゴリ］を作成する

テーブル［売上実績］に計算列［金額］、テーブル［商品カテゴリ］に計算列［カテゴリ］を作成しましょう。

Step 1 ▶ テーブル［売上実績］に計算列を作成します。

❶ テーブル［売上実績］が表示されていることを確認します。

❷ ［新しい列］をクリックします。

❸ 数式バーに「列 = 」と表示されます。

Step 2 ▶ 計算列[金額]を作成します。

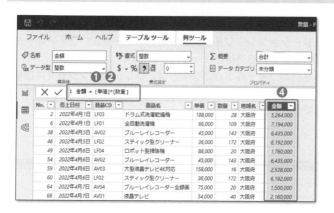

❶ 数式バーの「列」を「金額」に変更します。

❷ 「=」の右側をクリックし、[[単価]*[数量]]と入力します。

❸ Enter キーを押します。

❹ 計算列[金額]にコンマの書式を設定します。

Tips 入力支援機能

半角角かっこである「[」を入力すると、取り込んだテーブルのフィールドの一覧が表示されます。計算列に使うフィールドをクリックすると、簡単に入力することができます。

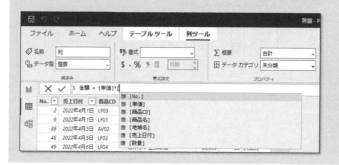

Step 3 ▶ テーブル[商品カテゴリ]に計算列[カテゴリ]を作成します。

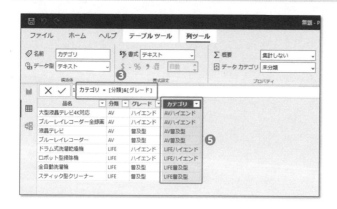

❶ テーブル[商品カテゴリ]をクリックします。

❷ [新しい列]をクリックします。

❸ 数式バーに「カテゴリ =[分類]&[グレード]」と入力します。

❹ Enter キーを押します。

❺ 計算列[カテゴリ]が作成されたことを確認します。

2-2-3 リレーションシップの設定

Power BI Desktop に取り込んだテーブルではテーブル間の関連付け（リレーションシップの設定）ができます。リレーションシップを設定すると他のテーブルのフィールドを利用できます。リレーションシップの設定は、モデルビューで行います。

異なるテーブルに同じ名前のフィールドがある場合は、リレーションシップは自動的に設定されます。データの内容は同じでもフィールドの名称が異なる場合などには、手動でリレーションシップを作成することもできます。

・モデルビュー

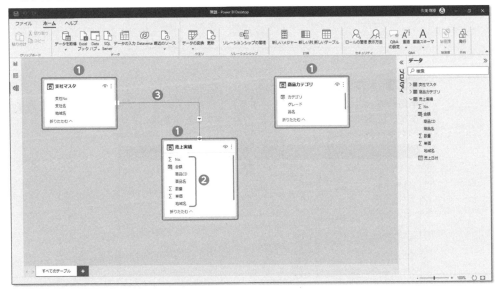

❶モデル内のテーブル	❷テーブルのフィールド名	❸リレーションシップの線

操作 モデルビューでリレーションシップを確認する

モデルビューに切り替えて、自動的に設定されたリレーションシップを確認しましょう。

Step **1** ▶ モデルビューに切り替えます。

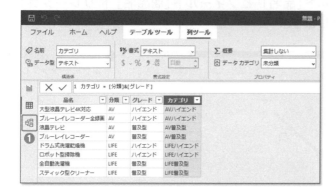

❶ [モデルビュー] をクリックします。

Step **2** ▶ モデルビューでリレーションシップの設定を確認します。

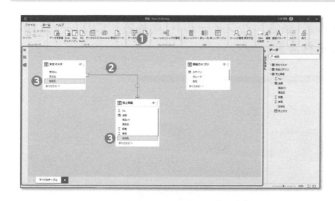

❶ モデルビューに切り替わります。

❷ 「支社マスタ」と「売上実績」が線で結ばれていることを確認します。

❸ リレーションシップの線をポイントし「地域名」が反転していることを確認します。

Tips リレーションシップの線

リレーションシップの線をポイントすると、フィールド名が反転し、どのフィールドにリレーションシップが設定されたか確認できます。

操作 手動でリレーションシップを設定する

テーブル［商品カテゴリ］のフィールド［品名］とテーブル［売上実績］のフィールド
［商品名］に手動でリレーションシップを設定しましょう。

Step 1 ▶ フィールド［品名］とフィールド［商品名］にリレーションシップ
を設定します。

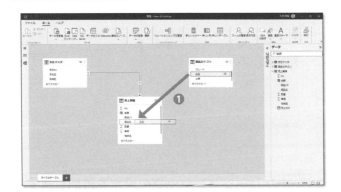

❶［品名］を［商品名］に重なる
ようにドラッグします。

Step 2 ▶ フィールド［品名］とフィールド［商品名］にリレーションシップ
が設定されます。

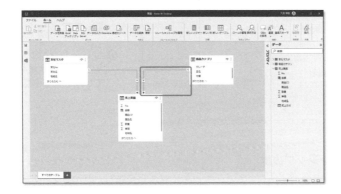

44

One Point リレーションシップの種類

テーブル［支社マスタ］とテーブル［売上実績］、テーブル［商品カテゴリ］とテーブル［売上実績］にはそれぞれリレーションシップが設定されています。

テーブル［売上実績］のリレーションシップの線には「*」、テーブル［支社マスタ］、テーブル［商品カテゴリ］には「1」が表示されており、多対一のリレーションシップが設定されていることを表しています。

リレーションシップに設定されている内容は、リレーションシップの線をダブルクリックして表示される、［リレーションシップの編集］ウィンドウで確認できます。

図は多対一のリレーションシップの例です。多対一リレーションシップは、Power BI Desktop では既定のリレーションシップです。商品名または品名という一つの値に対して、売上の明細である売上実績には複数のレコードが存在しますが、商品の分類である商品カテゴリには一つのレコードしか存在しないことを表しています。

Power BI Desktop ではリレーションシップの種類のことをカーディナリティといいます。リレーションシップのカーディナリティには、多対一のほかに、一対一、一対多、多対多があります。それぞれの意味は次の通りです。

- 一対一：同じフィールドに対して、一方のテーブルにはレコードが一つだけあり、もう一方のテーブルもレコードが一つだけの場合。

- 一対多：同じフィールドに対して、一方のテーブルにはレコードが一つだけあり、もう一方のテーブルにはレコードが複数存在する場合。

- 多対多：同じフィールドに対して、一方のテーブルにはレコードが複数存在し、もう一方のテーブルのレコードも複数存在する場合。

▎操作 レポートのデータソースを保存する

Power BI Desktop に取り込んだデータソースを保存しましょう。

Step 1 ▸ データソースを保存します。

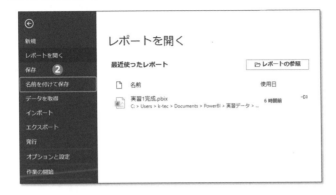

❶ [ファイル] タブをクリックします。

❷ [名前を付けて保存] をクリックします。

Step 2 ▸ 「実習1」という名前を付けて保存します。

❶ [ドキュメント > Power BI > 実習データ] と表示されていることを確認します。

❷ [ファイル名] ボックスに「実習1」と入力します。

❸ [保存] をクリックします。

Step 3 ▸ データソースが「実習1」という名前で保存されます。

さまざまなグラフの作成

Power BI Desktop は、取り込んだデータソースを基にレポートビューでグラフを作成します。
　Power BI Desktop では、棒グラフ、折れ線グラフ、ドーナツグラフ、複合グラフなどさまざまなグラフを作成できます。グラフなどレポートビューに配置するものを総称してビジュアルといいます。
　また、グラフの色合いやフォントなどは、テーマで設定されています。テーマは好みに応じて変えることができます。

・レポートビューの名称と作成するグラフ

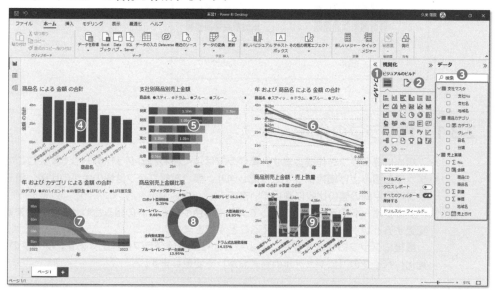

❶ビジュアルのビルド	❷ビジュアルの書式設定	❸［データ］ペインのテーブル一覧
❹集合縦棒グラフ	❺積み上げ横棒グラフ	❻折れ線グラフ
❼リボングラフ	❽ドーナツグラフ	❾複合グラフ

・グラフの作成手順
　Power BI Desktop でのグラフの作成手順は次の通りです。
①作成するグラフを［視覚化］ペインの［ビジュアルのビルド］から選択します
②［データ］ペインのテーブルの一覧から、グラフに配置するフィールドを［ビジュアルのビルド］のX軸、Y軸、凡例などにドラッグします
③［視覚化］ペインの［ビジュアルの書式設定］でグラフの書式設定を行います

・グラフの選択、移動とサイズ変更

　グラフを作成するとグラフの周りに枠線とハンドルが表示され、グラフが選択された状態を表しています。グラフを選択するにはグラフをクリックします。グラフの枠線をドラッグするとグラフを移動できます。グラフの四隅、上下左右のサイズ変更ハンドルをドラッグするとグラフのサイズを変更することができます。グラフ以外の何もないところをクリックするとグラフの選択が解除されます。

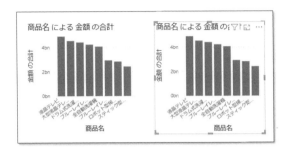

2-3-1　棒グラフの作成

　初めに棒グラフを作成します。棒グラフはよく使われるグラフの一つです。ここでは集合縦棒グラフと積み上げ横棒グラフを作成します。集合縦棒グラフは値の大小の比較、積み上げ横棒グラフは項目間の値の比較に適しています。

　次にレポートのテーマを変更してグラフの色やフォントの組み合わせを変更します。テーマを変更するとレポートの印象を変えることができます。

　最後にグラフの書式を変更してよりわかりやすいグラフに仕上げます。グラフの書式は、[視覚化] ペインの [ビジュアルの書式設定] で変更します。

操作　集合縦棒グラフを作成する

　商品別の売上金額を比較する集合縦棒グラフを作成し、グラフを少し下に移動しサイズを変更しましょう。

Step 1 ▶ レポートビューに切り替えます。

❶［レポートビュー］をクリックします。

Step 2 ▶ 作成するグラフを選択します。

❶［視覚化］ペインの［集合縦棒グラフ］をクリック
します。

Step 3 ▶ X軸、Y軸に配置するフィールドを指定します。

❶［データ］ペインの［売上実績］の左側の＞をクリックします。

❷［売上実績］のフィールドが表示されたことを確認します。

❸［ビジュアルのビルド］が選択されていることを確認します。

❹［X軸］に［商品名］をドラッグします。

❺［Y軸］に［金額］をドラッグします。

Tips テーブルの展開

［データ］ペインのテーブル名の左側の［＞］をクリックすると、テーブルのフィールド名が表示されます。テーブルが展開するとテーブルの左側には▼が表示されます。

Step **4** ▶ 集合縦棒グラフが作成されます。

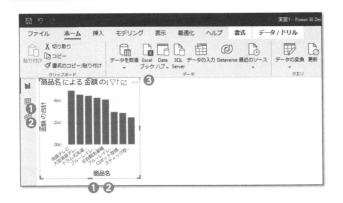

❶ X 軸に商品名、Y 軸に金額の合計が表示されます。

❷ X 軸、Y 軸のタイトルが自動的に設定されます。

❸ グラフのタイトルが自動的に設定されます。

Step **5** ▶ 集合縦棒グラフを下に移動しサイズを大きくします。

❶ 図を参考にグラフを少し下に移動し、横幅をレポート全体の幅の 1/3 程度になるように広げます。

Tips 移動先のガイド

グラフを移動すると赤い破線が表示されます。これは移動先のガイドを表しています。ガイドに沿ってグラフを移動すると、作成済みのグラフと位置をそろえたり、レポートの位置を合わせたりすることができます。

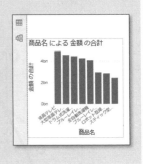

┃ 操作 ┃ 積み上げ横棒グラフを作成する

　支社別、商品別の売上金額を比較する積み上げ横棒グラフを作成し、グラフを集合縦棒グラフの右側に移動しましょう。

Step 1 ▶ 作成するグラフを選択します。

❶ 何もないところをクリックして集合縦棒グラフの選択を解除します。

❷ [積み上げ横棒グラフ]をクリックします。

┃ Tips ┃ 新しくグラフを作成する場合

新しくグラフを作成する場合は、必ずグラフの選択を解除してから操作を行ってください。グラフが選択されたまま操作を行うと、作成済みのグラフの種類が変更されます。

Step 2 ▶ X軸、Y軸、凡例に配置するフィールドを指定します。

❶ 集合縦棒グラフの下に積み上げ横棒グラフが作成されたことを確認します。

❷ [支社マスタ]のフィールド名を表示します。

❸ [Y軸]に[支社マスタ]の[支社名]をドラッグします。

❹ [X軸]に[売上実績]の[金額]をドラッグします。

❺ [凡例]に[売上実績]の[商品名]をドラッグします。

Step 3 ▶ 積み上げ横棒グラフが作成されます。

① 支社別商品別に売上金額を比較する積み上げ横棒グラフが作成されます。

② X軸、Y軸のタイトルが自動的に設定されます。

③ グラフのタイトルが自動的に設定されます。

Step 4 ▶ 積み上げ横棒グラフを移動します。

① 図を参考に積み上げ横棒グラフを集合縦棒グラフの右側に移動します。

■操作 レポートのテーマを変更する

グラフの色やフォントの組み合わせなどは、レポートのテーマで設定されています。任意のテーマに変更しましょう。ここでは、フロンティアのテーマを設定します。

Step 1 ▶ ［表示］タブに切り替えます。

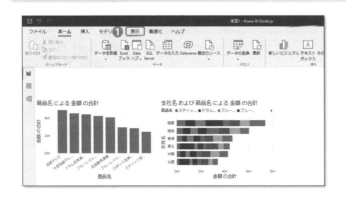

① ［表示］をクリックします。

Step 2 ▶ レポートのテーマを変更します。

❶ [テーマ] の▼をクリックします。

❷ 任意のテーマをクリックします。

※ここではフロンティアをクリックしています。

Tips　テーマを設定するタイミング

テーマ毎にデフォルトのフォントやフォントサイズ、グラフの色の組み合わせが設定されています。テーマはグラフの書式を細かく設定する前に変更することをお勧めします。

Step 3 ▶ レポートのテーマが変更されます。

❶ レポートのテーマが変わり、グラフの色やフォントが変わったことを確認します。

積み上げ横棒グラフの書式を変更する

積み上げ横棒グラフの書式を変更してより見やすいグラフに変更しましょう。

Step 1 ▶ 積み上げ横棒グラフの書式を変更します。

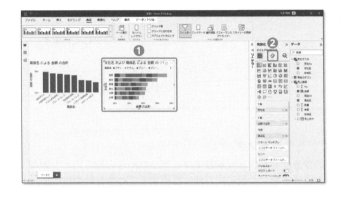

❶ [積み上げ横棒グラフ] をク
リックします。

❷ [ビジュアルの書式設定] をク
リックします。

Tips グラフの書式設定を行う場合

グラフの書式設定を行う場合は、必ず対象のグラフを選択してから操作を行ってください。グ
ラフを選択すると 🖌 [ビジュアルの書式設定] が表示されます。

Step 2 ▶ グラフを大きく表示するために Y 軸、X 軸のタイトルを非表示に
します。

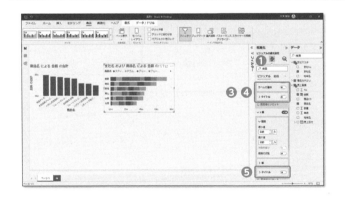

❶ [ビジュアル] をクリックしま
す。

❷ [Y 軸] の左側の＞をクリック
します。

❸ [Y 軸] に設定可能な書式が表
示されます。

❹ [タイトル] をクリックしてオ
フにします。

❺ 同様にして [X 軸] の [タイト
ル] をオフにします。

Step 3 ▶ 積み上げ横棒グラフのグリッド線の色を変更します。

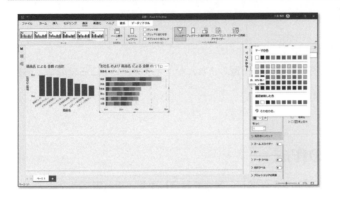

❶ 一覧の［グリッド線］の設定可能な書式を表示します。

❷［カラー］の▼をクリックし任意の色をクリックします。

Step 4 ▶ 積み上げ横棒グラフにデータラベルを表示します。

❶ 一覧の［データラベル］をオンにします。

Step 5 ▶ 積み上げ横棒グラフのタイトルを変更します。

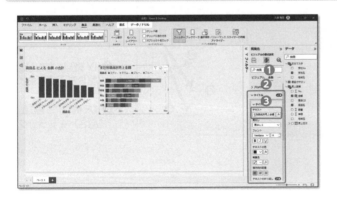

❶［全般］をクリックします。

❷［タイトル］の設定可能な書式を表示します。

❸［テキスト］ボックスに「支社別商品別売上金額」と入力します。

Step 6 ▶ ［保存］ボタンをクリックしてレポート「実習1」を上書き保存します。

> **Tips** 上書き保存について
>
> これ以降特に上書き保存については記載しませんが、キリの良いところで随時上書き保存することをお勧めします。

2-3-2　折れ線グラフの作成

折れ線グラフとリボングラフを作成し、書式を設定します。折れ線グラフはデータの時間的な変化や項目間の傾向の比較に適しています。リボングラフは Power BI 固有のグラフです。値の変化を効果的に表示するのに適しています。

操作　折れ線グラフを作成する

商品別、売上日付別の売上金額を比較する折れ線グラフを作成し、グラフを積み上げ横棒グラフの右側に移動しましょう。また折れ線グラフの書式を変更して見やすくしましょう。

Step 1 ▶ グラフの選択を解除し、〰［折れ線グラフ］を選択します。

Step 2 ▶ X 軸、Y 軸、凡例に配置するフィールドを指定します。

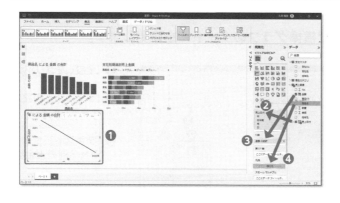

❶ 集合縦棒グラフの下に折れ線グラフが作成されたことを確認します。

❷ ［X 軸］に［売上実績］の［売上日付］をドラッグします。

❸ ［Y 軸］に［売上実績］の［金額］をドラッグします。

❹ ［凡例］に［売上実績］の［商品名］をドラッグします。

Step **3** ▶ 折れ線グラフが作成されます。

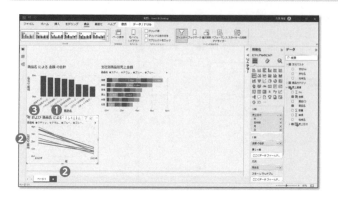

❶ 年別（売上日付）商品別に売上金額を比較する折れ線グラフが作成されます。

❷ Ｘ軸、Ｙ軸のタイトルが自動的に設定されます。

❸ グラフのタイトルが自動的に設定されます。

Tips 日付フィールドの設定

Ｘ軸に日付フィールド［売上日付］を配置すると、自動的に「年」「四半期」「月」「日」の期間が設定されます。

Step **4** ▶ 図を参考に折れ線グラフを積み上げ横棒グラフの右側に移動します。

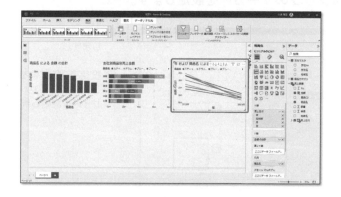

Step 5 ▶ 表を参考に折れ線グラフの書式を変更します。

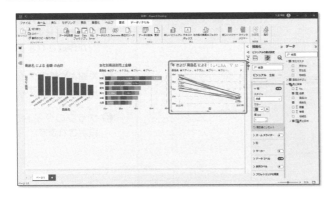

[ビジュアル] タブ		
Y軸	タイトル	オフ
グリッド線（横）	カラー	任意の色
グリッド線（縦）	カラー	任意の色
データラベル	オン	

Step 6 ▶ 折れ線グラフのマーカーを設定します。

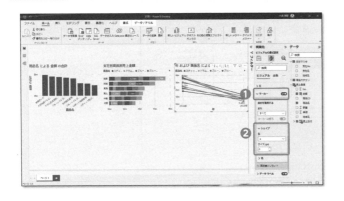

❶ 一覧の［マーカー］をオンにします。

❷ 設定可能な書式を表示し、［シェイプ］のサイズを任意のサイズに変更します。

Tips マーカーの［シェイプ］

マーカーの［シェイプ］では、マーカーの形やサイズを変更できます。

操作 リボングラフを作成する

カテゴリ別、売上日付別の売上金額を比較するリボングラフを作成し、書式を変更して見やすくしましょう。

Step 1 ▶ 折れ線グラフの選択を解除し、📈[リボングラフ]を選択します。

Step 2 ▶ X軸、Y軸、凡例に配置するフィールドを指定します。

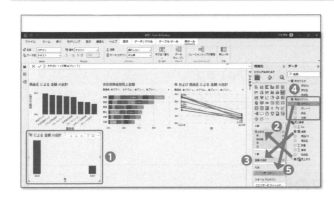

❶ 集合縦棒グラフの下にリボングラフが作成されたことを確認します。

❷ [X軸]に[売上実績]の[売上日付]をドラッグします。

❸ [Y軸]に[売上実績]の[金額]をドラッグします。

❹ [商品カテゴリ]のフィールド名を表示します。

❺ [凡例]に[商品カテゴリ]の[カテゴリ]をドラッグします。

Step 3 ▶ リボングラフが作成されます。

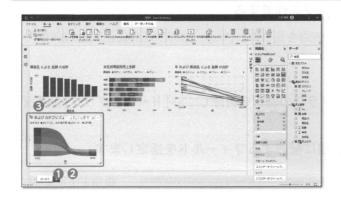

❶ 年別(売上日付)カテゴリ別に売上金額を比較する折れ線グラフが作成されます。

❷ Y軸のタイトルが自動的に設定されます。

❸ グラフのタイトルが自動的に設定されます。

Step 4 ▶ 表を参考にリボングラフの書式を変更します。

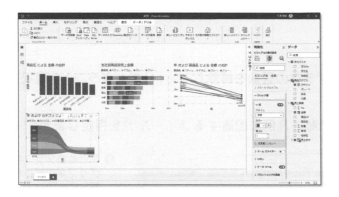

[ビジュアル] タブ		
グリッド線（縦）	カラー	任意の色
データラベル	オン	

2-3-3　ドーナツグラフの作成

　ドーナツグラフを作成し、書式を設定します。ドーナツグラフはデータの全体に対する割合の比較に適しています。円グラフも同じ用途でよく利用されます。

操作　ドーナツグラフを作成する

　商品別の売上金額の割合を比較するドーナツグラフを作成し、書式を変更して見やすくしましょう。

Step 1 ▶ リボングラフの選択を解除し、◎[ドーナツグラフ]を選択します。

Step 2 ▶ 凡例、値に配置するフィールドを指定します。

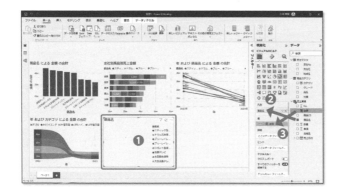

❶ 積み上げ横棒グラフの下にドーナツグラフが作成されたことを確認します。

❷ [凡例] に [売上実績] の [商品名] をドラッグします。

❸ [値] に [売上実績] の [金額] をドラッグします。

Step 3 ▶ ドーナツグラフが作成されます。

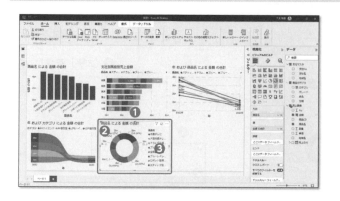

❶ 商品別に売上金額の割合を比較するドーナツグラフが作成されます。

❷ グラフのタイトルが自動的に設定されます。

❸ 凡例が自動的に設定されます。

Step 4 ▶ 表を参考にドーナツグラフの書式を変更します。

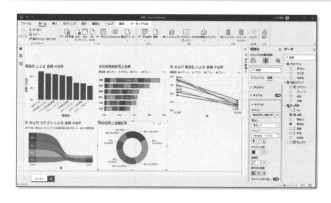

[ビジュアル] タブ		
凡例	オフ	
[全般] タブ		
タイトル	テキスト	商品別売上金額比率

Step 5 ▶ 詳細ラベルとして表示する内容を変更します。

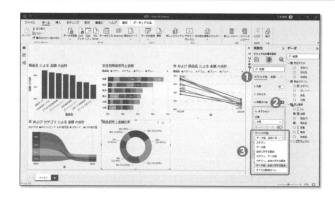

❶ [ビジュアル] をクリックします。

❷ [詳細ラベル] の設定可能な書式を表示します。

❸ [ラベルの内容] の一覧の [カテゴリ、全体に対する割合] をクリックします。

Step 6 ▶ 詳細ラベルの書式を変更します。

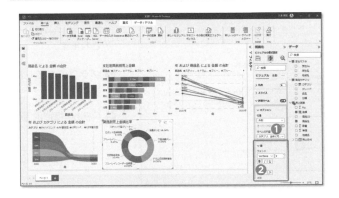

❶ [詳細ラベル] の [値] の設定
可能な書式を表示します。

❷ [太字] をクリックします。

Step 7 ▶ ドーナツグラフの書式が変わったことを確認します。

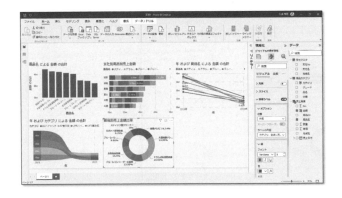

One Point ツリーマップ

ドーナツグラフや円グラフのように、値の大きさを比較するグ
ラフとしてツリーマップがあります。ツリーマップでは四角形
の大きさで値の大小を表します。比較する値の種類が多いとき
にツリーマップを使うと効果的です。

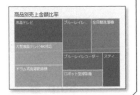

2-3-4　複合グラフの作成

集合縦棒グラフを編集し、複合グラフに変更します。ここでは既存のグラフを変更しますが、初めから作成することも可能です。複合グラフは、売上金額と数量、達成率など、値の範囲が異なるデータの比較に適しています。Power BI Desktop では、折れ線グラフおよび積み上げ縦棒グラフ、折れ線グラフおよび集合縦棒グラフの2種類の複合グラフを作成できます。

▌操作　複合グラフを作成する

商品別の売上金額を比較する集合縦棒グラフを複合グラフに変更し、書式を変更して見やすくしましょう。

Step 1 ▶ 集合縦棒グラフを選択し、[折れ線グラフおよび集合縦棒グラフ]をクリックします。

Step 2 ▶ 折れ線グラフに配置するフィールドを指定します。

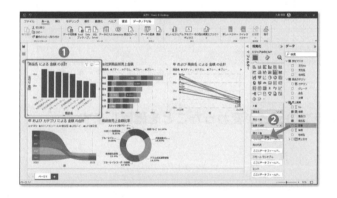

❶ 集合縦棒グラフが選択されていることを確認します。

❷ [線の Y 軸]に[売上実績]の[数量]をドラッグします。

Step 3 ▶ 複合グラフが作成されます。

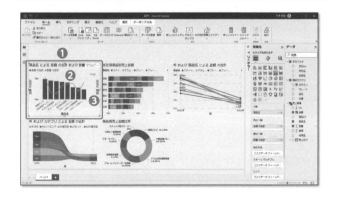

❶ 商品別に売上金額と数量を比較する複合グラフが作成されます。

❷ 数量が折れ線グラフとして表示されたことを確認します。

❸ 数量の値が第 2 軸に表示されます。

Step **4** ▶ 表を参考に複合グラフの書式を変更します。

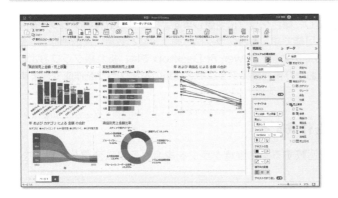

[ビジュアル] タブ		
X 軸	タイトル	オフ
	値	太字
Y 軸	タイトル	オフ
グリッド線（横）	カラー	任意の色
マーカー	オン	
	サイズ	任意のサイズ
データラベル	オン	
[全般] タブ		
タイトル	テキスト	商品別売上金額・売上数量

Step **5** ▶ 複合グラフの書式が変わったことを確認します。

2-4 数字や文字の表示機能

Power BI Desktop では、グラフだけでなく、取り込んだデータソースを基にテーブルやマトリックスなどの表形式の集計を行うこともできます。

また、カードを使って集計結果を表示したり、テキストボックスを使ってレポートのタイトルを表示したりすることもできます。

・数字や文字の表示機能

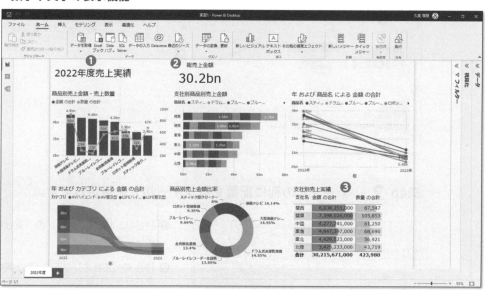

❶テキストボックス	❷カード	❸テーブル

2-4-1 テーブルの作成

レポートに表形式でデータを集計するには、テーブルまたはマトリックスを利用します。ここではテーブルを作成します。数値のほかにデータバーを表示して集計結果をわかりやすく見せることもできます。

▌操作 テーブルを作成する

支社別に売上金額と数量を比較するテーブルを作成し、データバーを表示してわかりやすくしましょう。

Step 1 ▶ テーブルを作成します。

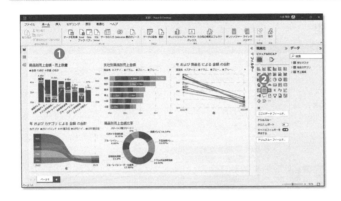

❶ 複合グラフの選択を解除します。

❷ テーブルをクリックします。

Step 2 ▶ テーブルの列に配置するフィールドを指定します。

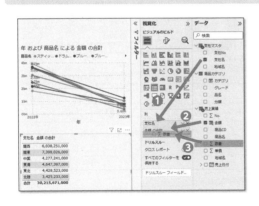

❶ [列] に [支社マスタ] の [支社名] をドラッグします。

❷ [列] の [支社名] の下に [売上実績] の [金額] をドラッグします。

❸ 同様に [金額] の下に [売上実績] の [数量] をドラッグします。

Step 3 ▶ テーブルが作成されます。

支社名	金額 の合計	数量 の合計
関西	6,038,251,000	87,547
関東	7,398,026,000	105,853
中国	4,277,241,000	61,250
東海	4,647,397,000	68,690
東北	4,429,523,000	56,921
北陸	3,425,233,000	43,719
合計	30,215,671,000	423,980

❶ 支社別に売上金額と数量を比較するテーブルが作成されます。

Step **4** ▶ 表を参考にテーブルの書式を変更します。

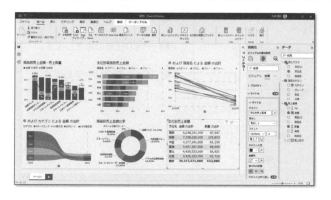

[ビジュアル] タブ		
値	フォントサイズ	12 ポイント
列見出し	フォントサイズ	12 ポイント
[全般] タブ		
タイトル	オン	
	テキスト	支社別売上実績

Step **5** ▶ テーブルにデータバーを表示します。

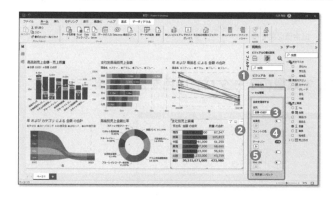

❶ ［ビジュアル］をクリックします。

❷ 一覧の［セル要素］の設定可能な書式を表示します。

❸ ［系列］の一覧の［金額の合計］をクリックします。

❹ ［データバー］をオンにします。

❺ ［条件付き書式］をクリックします。

❶ [正のバー] の▼をクリックします。

❷ 一覧の任意の色をします。

❸ [OK] をクリックします。

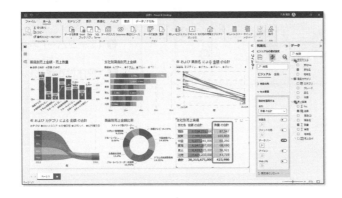

> **One Point　条件付き書式**
>
> テーブルなどの書式に f_x［条件付き書式］ボタンが表示される場合があります。条件付き書式は、条件に基づいて設定される書式です。データバーの他に、背景色、フォントの色、アイコンなどがあります。
>
> ・金額に背景色とフォントの色、数量にアイコンを設定した例
>
>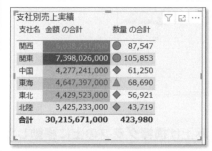

2-4-2　カードの作成

　　レポートに1年間の売上金額を集計した総売上金額だけを表示するには、カードを利用します。カードには、合計の他に、平均、最大値、最小値、カウントなども集計することができます。

▌操作　カードを作成する

　1年間の売上金額を集計するカードを作成し、グラフの上に移動して書式を設定しましょう。

Step **1** ▶ カードを作成します。

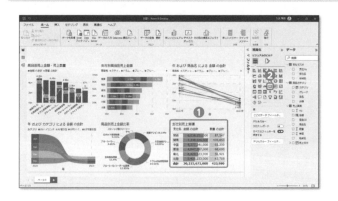

❶ テーブルの選択を解除します。

❷［カード］をクリックします。

Step 2 ▶ カードに集計するフィールドを指定します。

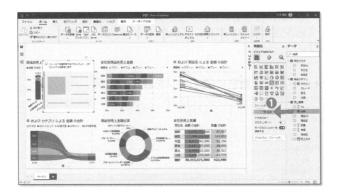

❶ [フィールド] に [売上実績] の [金額] をドラッグします。

Step 3 ▶ 図を参考にカードを積み上げ横棒グラフの上に移動しサイズを調整します。

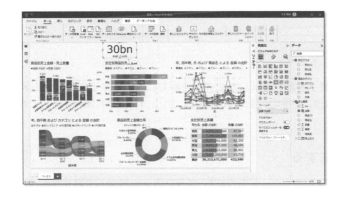

Step 4 ▶ 表を参考にカードの書式を変更します。

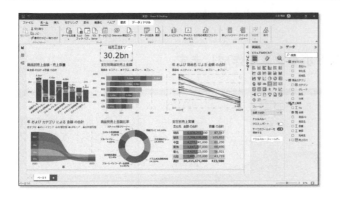

[ビジュアル] タブ		
吹き出しの値	フォントサイズ	32 ポイント
	小数点以下桁数の値	1
カテゴリラベル	オフ	
[全般] タブ		
タイトル	オン	
	テキスト	総売上金額
	横方向の配置	中央

Step 5 ▶ カードの書式が変更されます。

2-4-3 テキストボックスの作成

　レポートにタイトルなどの文字情報を表示するには、テキストボックスを利用します。テキストボックスは [ホーム] タブまたは [挿入] タブのボタンで作成します。

操作 テキストボックスを作成する

テキストボックスを作成し、レポートのタイトルを表示しましょう。

Step 1 ▶ テキストボックスを作成します。

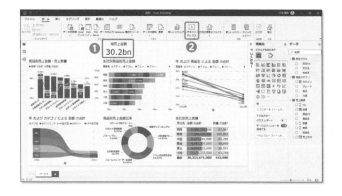

❶ カードの選択を解除します。

❷ [ホーム] タブの [テキストボックス] をクリックします。

Step 2 ▶ テキストボックスにレポートのタイトルを入力します。

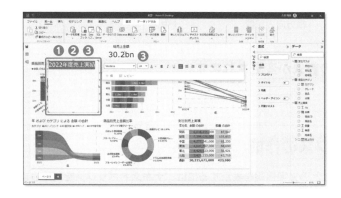

❶ [テキストボックス] が作成されます。

❷ 「2022年度売上実績」と入力します。

❸ [2022年度売上実績] のフォントサイズを「24 ポイント」に変更します。

Step 3 ▶ 図を参考にテストボックスを複合グラフの上に移動しサイズを調整します。

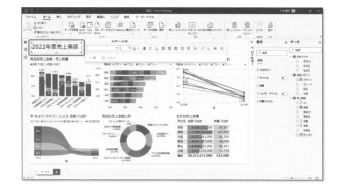

Step 4 ▶ テストボックスの選択を解除します。

操作 ページの名前を変更する

ページの名前を「2022 年度」に変更しましょう。

Step 1 ▶ ページの名前を変更します。

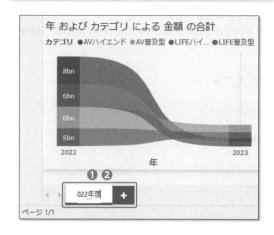

❶ ページ見出しをダブルクリックします。

❷ 「2022 年度」と入力します。

❸ Enter キーを押して確定します。

Step 2 ▶ ページの名前が 2022 年度に変わったことを確認します。

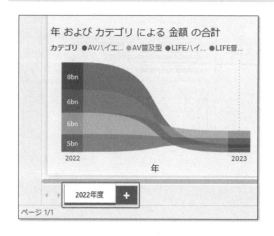

2-5 データ分析のための機能

Power BI Desktop では、日付形式の階層を持つデータや、任意の階層を持つデータがあると、瞬時にデータの集計方法を切り替えることができます。

折れ線グラフとリボングラフは、「年」を基準に集計されていますが、四半期、月、日とより細分化して分析することができます。細分化して分析することをドリルダウンといいます。これに対して日、月、四半期、年と大括りにして分析することをドリルアップといいます。

ドリルダウン、ドリルアップを行うことで売上などの傾向を把握するのに役立ちます。スライサーという機能を使って、任意の期間でデータを絞り込めます。

また、グラフに集計されているデータを表形式で表示することができます。これをドリルスルーといいます。

▪ ドリルダウン、ドリルアップのイメージ

▪ ドリルスルーのイメージ

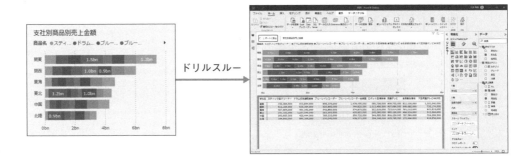

• ドリルダウン、ドリルアップに使うボタン

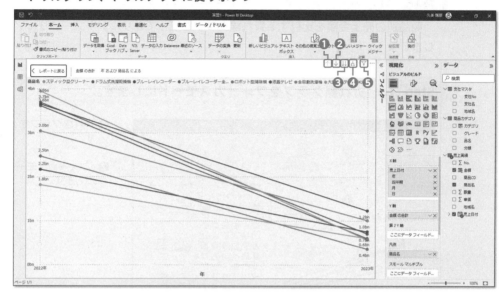

①ドリルアップ	②ドリルモードのオン / オフ	③階層内の次のレベルに移動
④階層内で 1 レベル下をすべて展開		⑤ビジュアルのフィルター

2-5-1 ドリルダウンとドリルアップ

　日付形式のフィールドを使って作成されたグラフは、「年」、「四半期」、「月」、「日」などの集計単位が自動的に設定され、集計単位を切り替えて表示することができます。「年」から「日」に向かって集計単位を細分化することをドリルダウン、「日」から「年」に向かって集計単位を大括りにすることをドリルアップといいます。

操作 折れ線グラフでドリルダウン、ドリルアップを行う

商品別の売上金額を比較する折れ線グラフを使ってドリルダウン、ドリルアップを確認しましょう。

Step 1 ▶ 折れ線グラフをフォーカスモードにします。

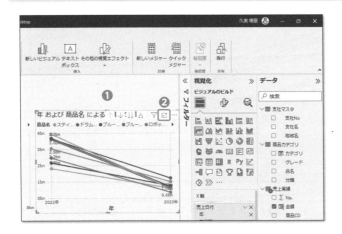

❶ 折れ線グラフをクリックします。

❷ [フォーカスモード]をクリックします。

Tips フォーカスモード

[フォーカスモード]をクリックするとグラフがページ全体に拡大されます。ここではドリルダウン、ドリルアップの結果を確認しやすくするためにフォーカスモードにしていますが、実務では必ずしもフォーカスモードにする必要はありません。

Step 2 ▶ ドリルダウンを有効にします。

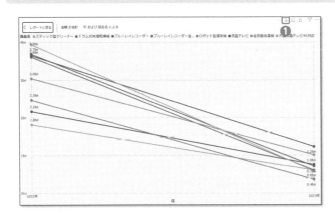

❶ [クリックするとドリルダウンがオンになります。]をクリックします。

Tips ドリルモード

↓[クリックするとドリルダウンがオンになります。]をクリックするとドリルモードが有効になります。ドリルモードが有効のとき、ドリルダウン、ドリルアップができるようになります。

Step 3 ▶ 四半期単位にドリルダウンします。

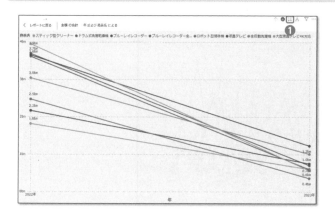

❶ [階層内の次のレベルに移動します] をクリックします。

Step 4 ▶ 折れ線グラフが四半期の表示に変わります。

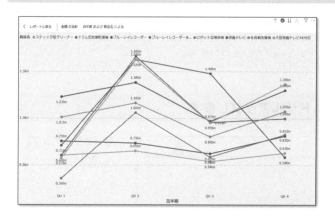

Step 5 ▶ 同様にして月単位にドリルダウンします。

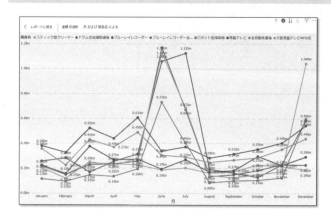

2

Power BI Desktop でのレポート作成

Step 6 ▶ 同様にして日単位にドリルダウンします。

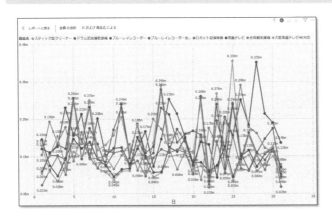

Tips 日単位のドリルダウン

⬇ [階層内の次のレベルに移動します] でドリルダウンを行うと、折れ線グラフに1日から31日の期間が表示されます。これは12カ月分のデータを日付毎に集計した結果を表しています。4月1日から3月31日までの日付を個別に確認したい場合は、↟ [階層内で1レベル下をすべて展開します] でドリルダウンを行います。

Step 7 ▶ 月単位にドリルアップします。

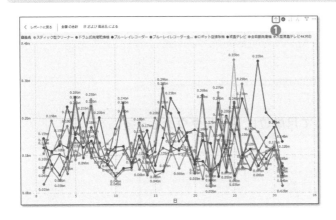

❶ [ドリルアップ] をクリックします。

Step 8 ▶ 折れ線グラフが月単位の表示に戻ります。

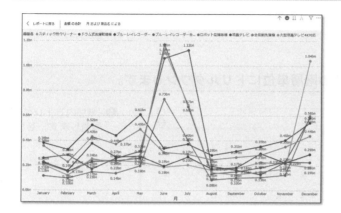

Step 9 ▶ 同様にして年単位までドリルアップします。

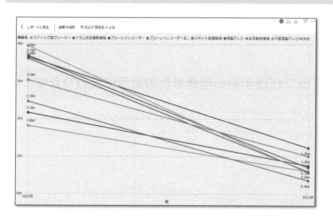

操作 階層単位でドリルダウン、ドリルアップを行う

折れ線グラフを「年」、「年月」、「年月日」のように階層単位でのドリルダウン、ドリルアップを確認しましょう。

Step **1** ▶ 四半期の階層単位にドリルダウンします。

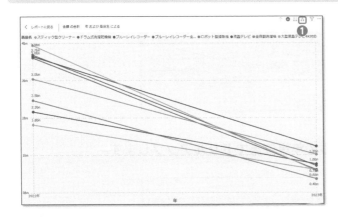

❶ [階層内で1レベル下をすべて展開します] をクリックします。

Step **2** ▶ 折れ線グラフが四半期の階層単位の表示に変わります。

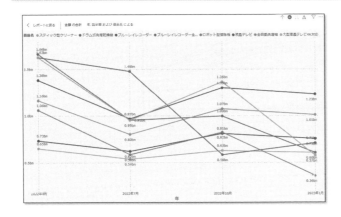

Step 3 ▶ 同様にして年月の階層単位にドリルダウンします。

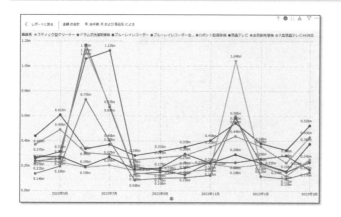

Step 4 ▶ 同様にして年月日の階層単位にドリルダウンします。

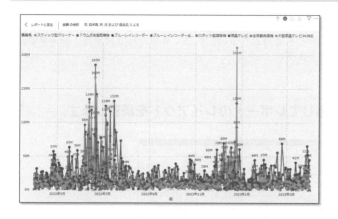

Step 5 ▶ 年月の階層単位にドリルアップしてレポートの表示に戻します。

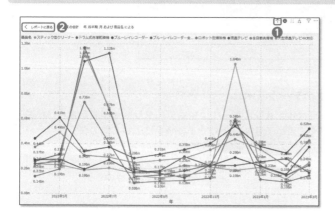

❶［ドリルアップ］をクリックします。

❷［レポートに戻る］をクリックします。

Step 6 ▶ 同様にしてリボングラフを四半期の階層単位の表示にドリルダウンします。

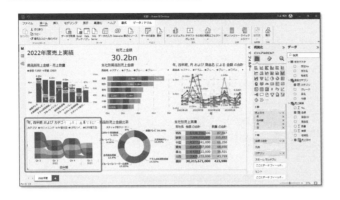

Tips **リボングラフの表示**

リボングラフを四半期の階層単位の表示にすると、2022 年 4 月から 6 月は第 2 四半期として扱われます。Power BI Desktop ではアメリカでよく用いられる会計年度が基準になっているためです。日本でよく使われる会計年度に合わせて 4 月から 6 月を第 1 四半期として扱う方法は本書の 3 章で紹介します。

Step 7 ▶ 必要に応じてレポートのレイアウトを調整します。

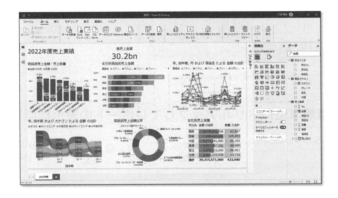

Tips **リボングラフのデータラベル**

リボングラフのデータラベルがオンになっていてもデータラベルが表示されないことがあります。グラフの幅が小さくて表示できないためです。必要に応じて他のグラフやテーブルのサイズを変更してレポートのレイアウトを調整します。

2-5-2　ドリルスルー

　グラフ化されているデータの内訳を分析したい場合、ドリルスルーを行うと、グラフと基データを同時に表示して比較することができます。確認したいグラフを右クリックするとドリルスルーのコマンドが表示されます。

▌操作　積み上げ横棒グラフでドリルスルーを確認する

　積み上げ横棒グラフの内訳を確認しましょう。

Step **1** ▶ 積み上げ横棒グラフの内訳をします。

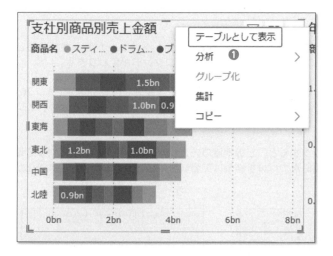

❶ 積み上げ横棒グラフを右ク
リックし［テーブルとして表
示］をクリックします。

Step **2** ▶ 積み上げ横棒グラフと基データが表形式で表示されます。

2

Power BI Desktop でのレポート作成

Step 3 ▶ レポートの表示に戻します。

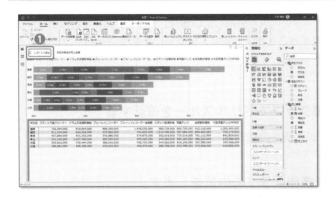

❶ [レポートに戻る] をクリック
します。

One Point 分析機能

選択したグラフによって、右クリックすると[分析]メニューが表示されることがあります。[分析]メニューには状況に応じて表示されるコマンドが変わります。

図は折れ線グラフの 6 月の「ブルーレイレコーダー全録画」の分析結果です。2022 年 6 月の売上金額は前月より増加しているため、[増加について説明してください]というコマンドが表示されます。

このコマンドをクリックすると、どの地域の売上が伸びているか、前月に対する増加率を確認できます。本稿執筆時点では分析結果は英語表記になっているため、日本語化が待たれます。

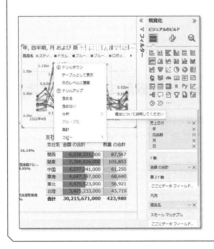

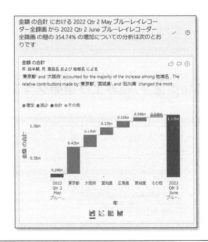

2-5-3 スライサーと相互作用

ドリルスルー、ドリルダウンは、「年」、「四半期」、「月」、「日」など決められた日付の階層構造で表示されます。「半期」など任意の期間で表示したい場合はスライサーを使って分析を行う方法があります。スライサーは任意のデータを表示するフィルターの一つです。

スライサーを使うとレポートに配置されているグラフや表の値が一斉に変わります。

特定のビジュアルの値は変更したくない場合は、[相互作用を編集]を利用して、スライサーが適用されないようにすることができます。

操作 売上日付のスライサーを作成する

売上日付のスライサーを作成しましょう。

Step 1 ▶ スライサーを作成します。

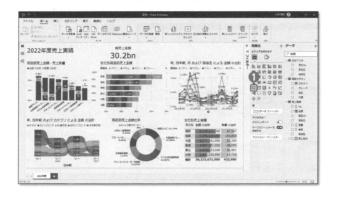

❶ ビジュアルの選択を解除します。

❷ [スライサー]をクリックします。

Step 2 ▶ スライサーに表示するフィールドを指定します。

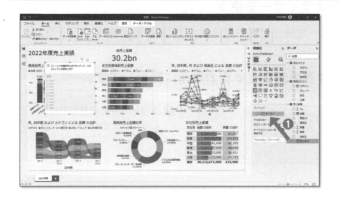

❶ [フィールド]に[売上実績]の[売上日付]をドラッグします。

Step 3 ▶ 図を参考にスライサーを折れ線グラフの上に移動しサイズを調整します。

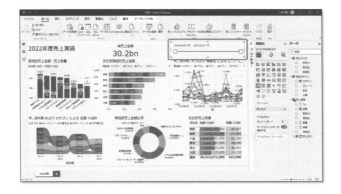

Step 4 ▶ スライサーのヘッダーを非表示にします。

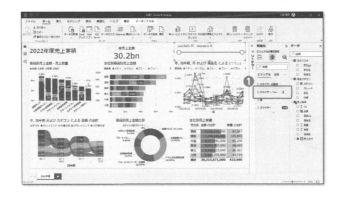

❶［スライサーヘッダー］をオフにします。

■**操作** 売上日付のスライサーを使う

売上日付のスライサーを使って表やグラフを上半期の表示にしましょう。

Step 1 ▶ グラフや表の値を上半期の表示に変更します。

❶ スライサーの右側の日付が「2022/09/30」になるまで右側の○をドラッグします。

Step 2 ▶ グラフや表の値が上半期の表示に変わります。

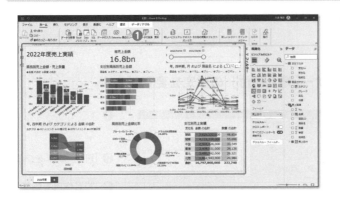

❶ レポートの表やグラフの値が
上半期の表示に変わります。

Step 3 ▶ グラフや表の値を 1 年間の表示に戻します。

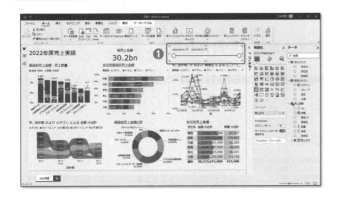

❶ スライサーの右側の日付が
「2023/03/31」になるまで右
側の○をドラッグします。

Tips カレンダーコントロール

ドラッグの操作で表示したい日付をぴったり合わせるのが難
しい場合は、日付の右側に表示されているカレンダーコント
ロールから選択することができます。

カレンダーのアイコンをクリックするとカレンダーが表示さ
れ、日付をクリックして選択することができます。他の月を
表示したい場合は、↑をクリックすると前月、↓をクリック
すると翌月のカレンダーを表示できます。

操作 カード「総売上金額」のスライサーの適用を無効にする

「相互作用を編集」を使用してカード「総売上金額」のスライサーの適用を無効にしましょう。

Step 1 ▶ スライサー「売上日付」の設定を変更します。

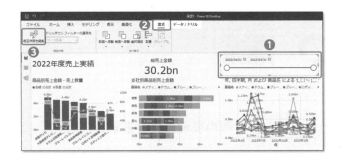

❶ スライサー「売上日付」をクリックします。

❷ [書式] タブをクリックします。

❸ [相互作用を編集] をクリックします。

Step 2 ▶ カード「総売上金額」の動作を指定します。

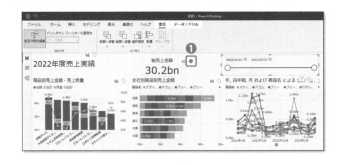

❶ カード「総売上金額」の [なし] をクリックします。

Step 3 ▶ スライサー「売上日付」の設定を確定します。

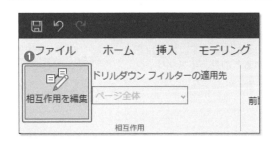

❶ もう一度 [相互作用を編集] をクリックします。

操作 カード「総売上金額」の動作を確認する

カード「総売上金額」にスライサーが適用されないことを確認しましょう。

Step 1 ▶ スライサー「売上日付」で上半期の表示にします。

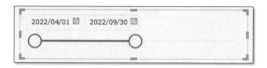

Step 2 ▶ カード「総売上金額」の表示が変わらないことを確認します。

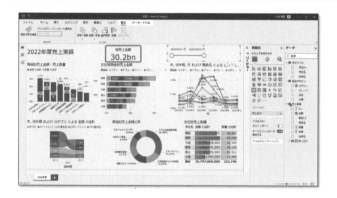

Step 3 ▶ スライサー「売上日付」を1年間の表示に戻します。

2

Power BI Desktop でのレポート作成

第 3 章

実務で役立つ
レポート作成

本章では、複数年度の売上レポートを例にして、よ
り実践的なレポートの作成方法を解説します。デー
タベースなどからデータを取り込み、Power BI
Desktop が備える DAX 関数を利用してデータを
集計、見やすいレポートを作成していきます。

3-1 実務で役立つレポート作成
3-2 実践的なデータ活用
3-3 実践的なレポート作成
3-4 人に使ってもらうための工夫

3-1 実務で役立つレポート作成

2章では単年度の売上レポート作成を通して、グラフ、テーブルといった Power BI Desktop でビジュアルを作成する方法、ビジュアルを使って分析を行う方法を確認しました。

この章では、複数年度の売上レポートを作成します。複数年度の売上レポートを効率良く作成し、Power BI の操作に不慣れなユーザーでも使いやすくする方法を例に説明します。

3-1-1 複数年度の売上レポートのイメージ

作成するレポートのイメージを確認しましょう。

▪ この章で作るレポート

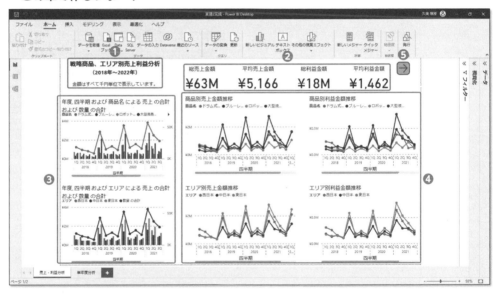

❶テキストボックス	❷カード	❸複合グラフ
❹折れ線グラフ	❺ボタン	

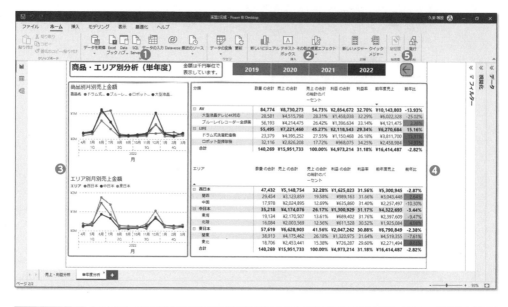

①テキストボックス	②スライサー	③折れ線グラフ
④マトリックス	⑤ボタン	

3-1-2　複数年度の売上レポートの動作確認

完成例を開いて、作成するレポートのイメージの動作を確認しましょう。

操作　レポートの動作を確認する

完成例「実習2完成」を開き、データソースの参照元を実習ファイルに変更し、レポートの動作を確認しましょう。

※ Access をお持ちでない場合、または 32 ビット版の Access をお使い場合は、「実習 2 完成 2」開いて動作を確認してください。

Step 1 ▶ ［ドキュメント］の［Power BI］内の［実習ファイル］フォルダーに格納された「実習 2 完成」を開きます。

3

実務で役立つレポート作成

93

Step 2 ▶ レポートのデータソースの参照元を実習ファイルに変更します。

Tips **データソースの参照元の変更**

データソースの参照元の変更方法は、2 章 25 ページを参照してください。

Step 3 ▶ シート「売上・利益分析」を選択してレポートの内容を確認します。

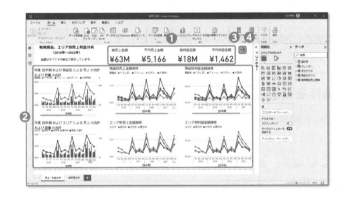

❶ 複数年度の総売上金額、平均売上金額、総利益金額、平均利益金額が表示されていることを確認します。

❷ 過去 5 年分のグラフが作成されていることを確認します。

❸ 右上にボタンが作成されていることを確認します。

❹ Ctrl キーを押しながら右上のボタンをクリックします。

Step 4 ▶ シート「単年度分析」を選択してレポートの内容を確認します。

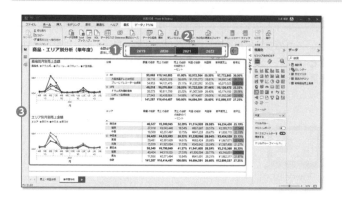

❶ 年度のボタンが作成されていることを確認します。

❷ [2021] をクリックします。

❸ グラフやマトリックスが 2021 年度のデータに変わります。

Step 5 ▶ 他の年度のボタンをクリックしてグラフやマトリックスの表示が変わることを確認します。

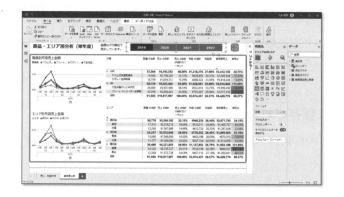

Tips 年度のボタン

年度のボタンは、スライサーで作成します。作成方法は 3 章 156 ページで紹介します。

Step 6 ▶ レポートの動作確認が終わったらレポートの変更を保存しないで Power BI Desktop を閉じます。

3

実務で役立つレポート作成

3-2 実践的なデータ活用

Power BI Desktop では、一つのファイルを取り込むだけでなく、フォルダーに保存された複数のファイルをまとめて取り込むことや、データベースなどからデータを取り込むことができます。また、計算にだけ使ってレポートには表示させたくないフィールドは、非表示にすることができます。

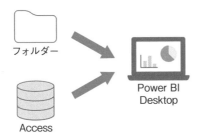

3-2-1 フォルダーに保存されたデータや Access データの取り込み

フォルダーに保存された複数のファイルや、Access に格納されているデータを Power BI Desktop に取り込みましょう。

操作 フォルダーに保存されたデータを取り込む

フォルダー［実習ファイル］内のフォルダー「戦略商品売上実績」のデータを取り込んでデータを確認しましょう。

Step 1 ▶ Power BI Desktop を起動します。

Step 2 ▶ 取り込むデータを指定します。

❶［ホーム］タブの［データを取得］をクリックします。

Step **3** ▶ 取り込むデータの種類を指定します。

❶ ［データを取得］ウインドウの ［フォルダー］
をクリックします。

❷ ［接続］をクリックします。

Step **4** ▶ 取り込むフォルダーのパスを指定します。

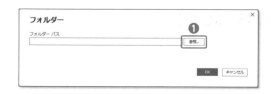

❶ ［フォルダーパス］の ［参照］をクリックし
ます。

Step **5** ▶ 取り込むフォルダーを指定します。

❶ ［ドキュメント］の左側の「＞」をクリック
し ［Power BI］をクリックします。

❷ ［戦略商品売上実績］をクリックします。

❸ ［OK］をクリックします。

Step 6 ▶ ［フォルダーパス］に「戦略商品売上実績」が指定されたことを確認し、OK をクリックします。

Step 7 ▶ 取り込むファイルを確認し、データを結合します。

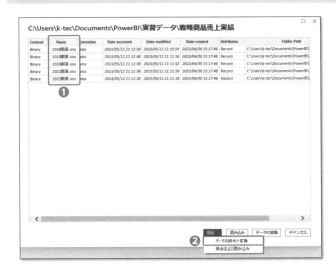

❶ ［Name］に取り込むファイル「2018 実績 .xlsx…2022 実績 .xlsx」と表示されていることを確認します。

❷ ［結合］の▼をクリックし［データの結合と変換］をクリックします。

Step 8 ▶ 結合するファイルを確認します。

❶ ［ファイルの結合］ウィンドウの左側の［実績］をクリックします。

❷ プレビューで取り込むデータを確認します。

❸ ［OK］をクリックします。

Tips エラーのあるファイルをスキップする

［ファイルの結合］ウィンドウの［エラーのあるファイルをスキップする］チェックボックスをオンにすると、エラーが発生するファイルを除いてファイルが取り込まれます。

Step 9 ▶ Power Query エディターで取り込まれたデータを確認します。

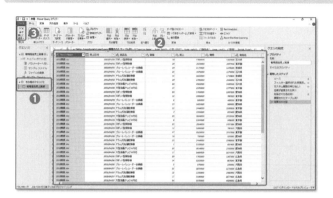

❶ [その他のクエリ] に取り込まれたフォルダー名が表示されます。

❷ 取り込まれたデータを確認します。

❸ [閉じて適用] をクリックします。

Step 10 ▶ [データ] ペインに取り込んだフォルダーの名前が表示されます。

❶ [データ] ペインに取り込んだフォルダー「戦略商品売上実績」が表示されていることを確認します。

3

実務で役立つレポート作成

操作 Access データを取り込む

Access データベース「マスタテーブル」からテーブルを取り込んでデータを確認しましょう。

※ Access をお持ちでない場合、32 ビット版の Access をご利用の場合は、Excel ブック「マスタテーブル」を取り込んでください。

Step 1 ▶ [データを取得] ボタンをクリックして[データを取得] ウィンドウを開きます。

Step **2** ▶ 取り込むデータの種類を指定します。

❶ [Access データベース] をクリックします。

❷ [接続] をクリックします。

※ Excel ブックを取り込む場合は、[Excel ブック] を選択してください。

Step **3** ▶ 取り込む Access データベースを指定します。

❶ [ドキュメント > Power BI > 実習データ] と表示されていることを確認します。

❷ [マスタテーブル] をダブルクリックします。

※ Excel ブックを取り込む場合は、Excel ブック [マスタテーブル] をダブルクリックしてください。

Step 4 ▶ 取り込むテーブルを指定します。

❶ [ナビゲーター] ウィンドウの左側の [支社マスタ] と [商品カテゴリ] を選択します。

❷ 取り込むデータを確認します。

❸ [データの変換] をクリックします。

Step 5 ▶ Power Query エディターで取り込まれたデータを確認します。

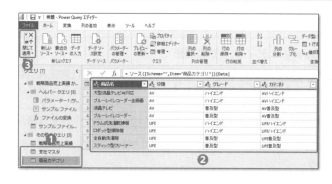

❶ [その他のクエリ] に取り込まれたテーブル名が表示されます。

※ Excel ブックを取り込んだ場合も同じ名称で表示されます。

※ Excel ブックの「商品カテゴリ」シートの項目名が認識されない場合は、[1 行目をヘッダーとして使用] をクリックしてフィールド名を有効にしてください。

❷ 取り込まれたデータを確認します。

❸ [閉じて適用] をクリックします。

❶ [データ] ペインに取り込んだテーブル「支社マスタ」と「商品カテゴリ」が表示されていることを確認します。

Step **7** ▸ **レポートのデータソースに「実習 2」という名前を付けて保存します。**

One Point **Power Query エディターでの整形**

Excel ブックのデータを取り込む場合などに、セルが結合された表や行列を入れ替えないと分析には使用できない表の形でデータを持っていることがあります。また分析に必要のない情報を列や行に持っていることもあります。その場合は、Power Query エディターで整形ができます。Power Query エディターでは、元データの表に影響を与えずに整形することができます。

・取り込む Excel ブック
商品マスタ　　　　　　　　　支社マスタ

※この操作を確認する場合は、新しいレポートを作成してから行ってください。

・事前準備
1. [ファイル] タブの [新規] をクリックして新しいレポートを作成します。
2. [ホーム] タブの [Excel ブック] をクリックし、[実習データ] フォルダーの [変換用テーブル] を開きます。
3. [ナビゲーター] ウィンドウで「支社マスタ」、「商品マスタ」を選択し、[データの変換] をクリックします。
4. Power Query エディターに [支社マスタ]、[商品マスタ] が取り込まれます。

・セルが結合された表の場合

1. [クエリ] の一覧の [商品マスタ] をクリックします。
2. 図のような形でデータが取り込まれます。[ホーム] タブの [1行目をヘッダーとして使用] をクリックして、テーブルのフィールド名を認識させます。

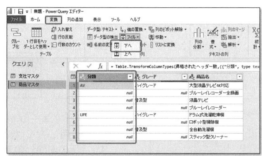

3. [分類] をクリックし、[変換] タブをクリックします。

4. 結合されたセルの2行目以降は値がない「null」として認識されます。[フィル] をクリックし [下へ] をクリックします。
※ 「null」が上にある場合は、[上へ] をクリックします。

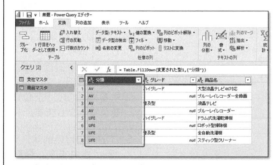

5. [分類] に「null」がなくなり、値が埋め込まれます。

6. 同様にして [グレード] にも値を埋め込みます。

3

実務で役立つレポート作成

・不要な列、行があり行列を入れ替える表の場合

1. ［クエリ］の一覧の［支社マスタ］をクリックします。
2. 図のような形でデータが取り込まれます。

3. ［Column8］という不要な列があることを確認し、［ホーム］タブの［列の削除］をク
   リックします。

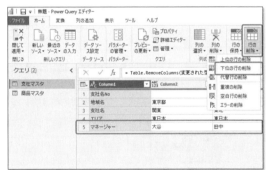

4. 5行目［マネージャー］は分析
   には使用しないため削除しま
   す。［行の削除］の▼をクリッ
   クし、［下位の行の削除］をクリッ
   クします。

※［下位の行の削除］をクリックす
   ると、取り込んだデータの最終行
   から削除する行を指定します。取
   り込んだデータの先頭行から削除
   する場合は、［上位の行の削除］
   をクリックします。

5. ［下位の行の削除］ウィンドウが
   表示されます。最終行から上に
   何行分削除するかを指定しま
   す。ここでは［行数］ボックス
   に「1」と入力して［OK］をク
   リックします。

6. 表の行と列を入れ替えます。［変
   換］タブの［入れ替え］をクリッ
   クします。

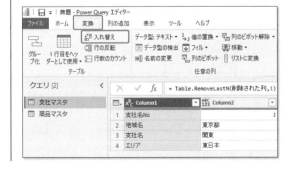

7. 行と列が入れ替わります。［１行目をヘッダーとして使用］をクリックしてフィールドを認識させます。

8. 取り込んだデータの整形が完了したら、［ホーム］タブの［閉じて適用］をクリックして Power BI Desktop にデータを取り込みます。

9. Power BI Desktop のデータビューで取り込まれた結果を確認します。

※実習結果を保存したい場合は任意の名前を付けて保存します。ここでは、「変換」という名前を付けて保存して閉じます。

3-2-2 計算列の活用

　計算で求められるフィールドは元データにないことがあります。その場合は計算列でフィールドを作成します。「利益」は元データにないため計算列で作成します。

　本書で扱っている売上や費用などの金額は、すべて円単位でデータを持っています。実務で扱う売上レポートでは、千円単位、百万円単位などの値で金額を扱うことがよくあります。

　ここでは取り込んだ「戦略商品売上実績」で扱う金額を千円単位にします。千円単位の金額は計算列で作成します。

　また、円単位の金額だと分かるようにフィールド名を変更し、レポートには表示されないように設定します。

・完成例

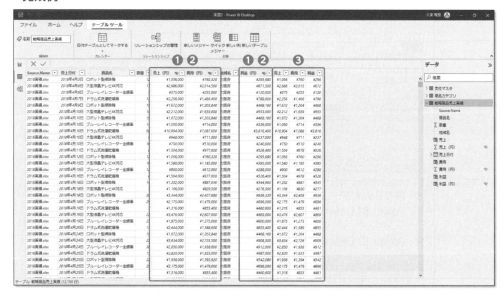

❶フィールド名の変更	❷レポートビューで非表示	❸千円単位にしたフィールド

操作 テーブル［戦略商品売上実績］の書式設定を行う

データ ビューに切り替えて、テーブル［戦略商品売上実績］の書式設定を行いましょう。

Step 1 ▶ ⊞［データ ビュー］をクリックして、データ ビューに切り替えます。

Step 2 ▶ データビューでテーブル［戦略商品売上実績］のデータを確認します。

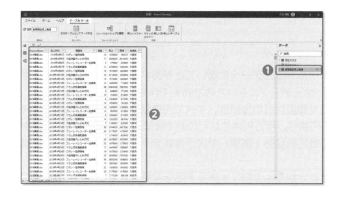

❶ テーブル［戦略商品売上実績］をクリックします。

❷［戦略商品売上実績］のデータを確認します。

Step **3** ▶ フィールド［数量］にコンマの書式を設定します。

❶ フィールド［数量］をクリックします。

❷ ［コンマ］ボタンをクリックします。

Step **4** ▶ フィールド［売上］に日本語の通貨記号の書式を設定します。

❶ フィールド［売上］をクリックします。

❷ ［$］ボタンの右側の▼をクリックします。

❸ 一覧の［¥日本語（日本)］をクリックします。

Step **5** ▶ 同様にしてフィールド［費用］に日本語の通貨記号の書式を設定します。

3
実務で役立つレポート作成

操作 計算列［利益］を作成する

テーブル［戦略商品売上実績］に計算列［利益］を作成し、日本語の通貨記号を設定しましょう。

Step 1 ▶ ［新しい列］をクリックしてテーブル［戦略商品売上実績］に計算列を作成します。

Step 2 ▶ 計算列［利益］を作成します。

❶ 数式バーの「列」を「利益」に変更します。

❷ 「=」の右側をクリックし、「［売上］-［費用］」と入力し Enter キーを押します。

※「[ ]」は半角の角かっこ、「-」は半角のマイナスを入力します。

❸ 計算列［利益］に日本語の通貨記号の書式を設定します。

Tips 計算列を削除したい場合

誤って作成した計算列を削除したい場合は、［データ］ペインの削除したい列で右クリックし［モデルから削除］をクリックします。

操作 フィールド［売上］、［費用］、［利益］の名称を変更する

フィールド［売上］、［費用］、［利益］の名称を変更し、円単位と分かるようにしましょう。

Step **1** ▶ フィールド［売上］の名称を変更します。

❶ フィールド［売上］をダブルクリックします。

❷ 「売上（円）」と入力します。

❸ Enter キーを押して確定します。

Step **2** ▶ フィールド［売上］の名称が変わります。

Step **3** ▶ 同様にしてフィールド［費用（円）］、［利益（円）］に変更します。

操作 計算列 [売上]、[費用]、[利益] を作成する

　テーブル [戦略商品売上実績] に売上、費用、利益の千円単位の計算列を作成し、日本語の通貨記号を設定しましょう。

Step 1 ▶ [新しい列] をクリックしてテーブル[戦略商品売上実績] に計算列を作成します。

Step 2 ▶ 計算列[売上] を作成します。

❶ 数式バーの「列」を「売上」に変更します。

❷ 「=」の右側をクリックし、「[売上（円）] /1000」と入力しEnter キーを押します。
※「[]」は半角の角かっこ、「/」は半角のスラッシュを入力します。

❸ 計算列 [売上] に日本語の通貨記号の書式を設定します。

Step 3 ▶ 同様にして計算列[費用]、[利益] を作成し日本語の通貨記号を設定します。

操作 フィールド［売上（円）］、［費用（円）］、［利益（円）］をレポートビューで非表示にする

　フィールド［売上（円）］、［費用（円）］、［利益（円）］は計算には使いますが、レポートの値としては使用しません。レポートビューでは非表示にする設定をしましょう。

Step 1 ▶ フィールド［売上（円）］を非表示にします。

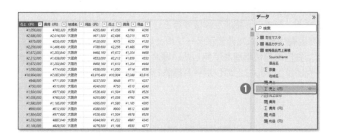

❶ ［データ］ペインの［売上（円）］の右側の 👁 をクリックします。

Tips フィールドの表示／非表示

　👁 はクリックするたびにレポートビューで対象のフィールドの表示／非表示を切り替えます。フィールドが表示されているときは 👁、フィールドが非表示になっているときは 🚫 が表示されます。

Step 2 ▶ フィールド［売上（円）］がレポートビューで非表示に変わります。

❶ フィールド［売上（円）］の表示が変わります。

❷ ［データ］ペインの［売上（円）］の右側の表示が変わります。

Step 3 ▶ 同様にしてフィールド［費用（円）］、［利益（円）］をレポートビューで非表示に設定します。

3-3 実践的なレポート作成

　複数年度の売上レポートを作成する場合は、前年度売上や前年比といった四則演算だけでは作成できないフィールドが出てきます。その場合はメジャーというデータに対して定義する計算式を作成してレポートに配置します。

　Power BI Desktop でデータを集計するための DAX 関数を使うと、Excel の関数のような感覚で取り込んだデータを集計し、レポートに表示することができます。DAX 関数はメジャーの中で使われます。

　また、Power BI Desktop では日付を表す列が自動的に識別され、日付階層が作成されます。ビジュアル、テーブル、スライサーなど、レポート機能を作成するときに、これらの階層を利用できます。Power BI Desktop は、日付階層を自動生成された非表示テーブルとして持っています。

　日本の会計基準に合わせた独自の日付階層を使用したい場合は、独自に日付テーブルを作成し、日付階層を設定すると、メジャーやビジュアルなどのレポート機能で利用することができます。

> **Tips DAX とは**
>
> DAX は、Data Analysis Expressions の略称で、Microsoft 社が開発した関数や演算子、および定数を集めたものです。数式や式の中で使用して、計算結果を返すことができます。

・完成例

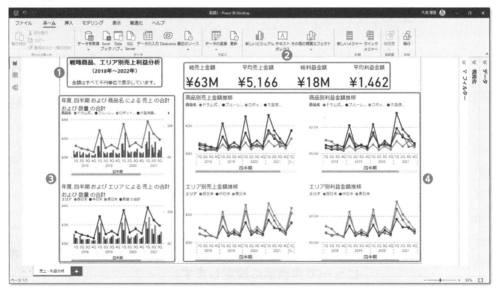

❶テキストボックス	❷カード	❸複合グラフ	❹折れ線グラフ

・操作の流れ

①独自の日付テーブルの作成

②リレーションシップの設定

③レポートの作成

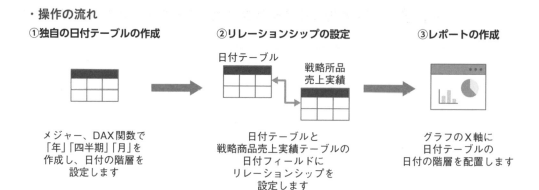

メジャー、DAX関数で
「年」「四半期」「月」を
作成し、日付の階層を
設定します

日付テーブルと
戦略商品売上実績テーブルの
日付フィールドに
リレーションシップを
設定します

グラフのX軸に
日付テーブルの
日付の階層を配置します

3-3-1　複数年度の売上レポートの作成

取り込んだデータを基にして5年間の売上の傾向を確認する売上レポートを作成します。

まず商品別、売上日付別の複合グラフを作成して、売上日付をドリルダウンし、日付の表示を確認します。

Power BI Desktop で日付フィールドを配置したグラフなどを作成すると、日付階層が自動的に生成され、米国でよく用いられる会計基準の年度（年度初めが1月、年度末が12月）で表示されます。

操作　商品別、売上日付別複合グラフを作成する

レポート ビューで、商品別、売上日付別の複合グラフを作成しましょう。

Step 1 ▶ 　[レポート ビュー]をクリックしてレポート ビューに切り替え、 　[折れ線および集合縦棒グラフ]の複合グラフを作成します。

位置	フィールド名
X 軸	売上日付
列の Y 軸	売上
線の Y 軸	数量
列の凡例	商品名

※すべてテーブル[戦略商品売上実績] のフィールドです。

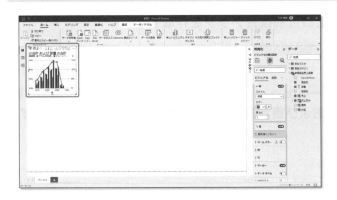

[ビジュアル] タブ		
Y 軸	タイトル	オフ
グリッド線（横）	スタイル	破線
	カラー	任意の色
マーカー	オン	

Step 4 ▶ 図を参考に複合グラフを移動しサイズ変更します。

■操作　複合グラフの日付の動作を確認する

フォーカスモードに切り替えて、複合グラフの日付の動作を確認しましょう。

Step 1 ▶ 🔲 ［フォーカスモード］をクリックしてフォーカスモードに切り替えます。

Step 2 ▶ 四半期の表示にドリルダウンします。

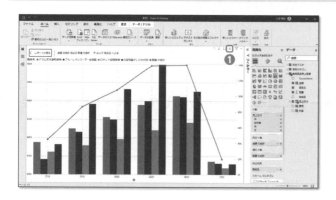

❶ ［階層内で1レベル下をすべて展開します］をクリックします。

3

実務で役立つレポート作成

Step **3** ▶ 四半期の表示を確認します。

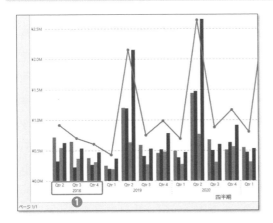

❶ 2018 年が「Qtr2」から始まっていること
を確認します。

❷ 2023 年が「Qtr1」で終わっていることを
確認します。

Step **4** ▶ 月の表示にドリルダウンします。

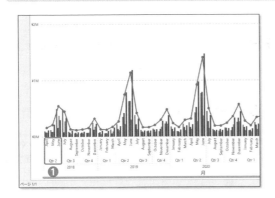

❶ 2018 年の「April」から「June」までが
「Qtr2」になっていることを確認します。

Step **5** ▶ ［＜レポートに戻る］をクリックしてレポートビューに戻します。

3-3-2　独自の日付テーブルの作成

　Power BI Desktop では、日付テーブルとして使用させるテーブルを指定し、その後、その
テーブルの日付データを利用し、日付関連のテーブル、ビジュアル、メジャーなどを作成できま
す。作成したグラフなどのビジュアルを日本の会計年度に合わせて表示するには、独自の日付
テーブルを作成します。

　日付テーブルは、データ型が［日付と時刻］で一意の値だけで作られる必要があります。

・独自の日付テーブル

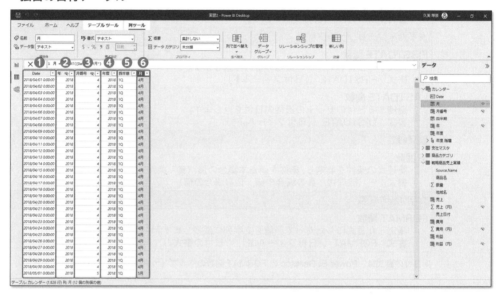

❶売上日付から取り出した一意の日付	❷売上日付から取り出した西暦4桁
❸売上日付から取り出した月	❹日本の会計年度の判定式
❺日本の四半期の判定式	❻月を和名で表示するための式

- この項で扱う DAX 関数

Power BI Desktop には日付関連の DAX 関数が豊富に用意されています。

日付と時刻関数
CALENDER 関数 連続する日付のセットが含まれる、Date という 1 列だけのテーブルを返します。 書式：テーブル名 = CALENDER（[開始日], [終了日]）
YEAR 関数 1900 から 9999 の範囲で、日付の年を 4 桁の整数で返します。 書式：YEAR（[日付フィールド]）
MONTH 関数 月を 1（1 月）から 12（12 月）までの数値として返します。 書式：MONTH（[日付フィールド]）
タイムインテリジェンス関数
FIRSTDATE 関数 連続する日付のセットの最初の日付を返します。 書式：FIRSTDATE（[日付フィールド]）
LASTDATE 関数 連続する日付のセットの最後の日付を返します。 書式：LASTDATE（[日付フィールド]）
論理関数
IF 関数 論理式の条件を判定し、条件を満たす場合の値（真）、条件を満たさない場合の値（偽）を返します。 書式：IF（論理式, 真の場合の値, 偽の場合の値）
文字列操作関数
FORMAT 関数 指定した書式にしたがって、値を文字列に変換します。 書式：FORMAT（[日付フィールド], "日付の書式"）

※日付の書式は、Power BI Desktop の FORMAT 関数のヘルプ「カスタム日付 / 時刻書式」を参照してください。

Tips　タイムインテリジェンス関数とは

タイムインテリジェンス関数を使用すると、期間（日、月、四半期、年など）を使用して
データを操作した後、その期間に対して計算式を作成して比較することができます。日付
フィールドを含むテーブルの 1 つを日付テーブルとしてマークしてからタイムインテリジェ
ンス関数を使うようにしてください。

操作　独自の日付テーブルを作成する

　複合グラフを日本の会計年度に合わせて表示するために、[売上日付] フィールドを基
にして独自の日付テーブルを CALENDAR 関数で作成しましょう。独自の日付テーブル
はデータビューで作成します。CALENDAR 関数の引数に FIRSTDATE 関数と
LASTDATE 関数を指定して [売上日付] フィールドの最初の日付を開始日に、最後の日
付を終了日に指定しましょう。

Step 1 ▶ ⊞ [データビュー]をクリックしてデータビューに切り替えます。

Step **2** ▶ 新しいテーブルを作成します。

① [ホーム] タブの [新しいテーブル] をクリックします。

② 数式バーに「テーブル ＝」と表示されていることを確認します。

Step **3** ▶ 独自の日付テーブルを「カレンダー」という名前で作成します。

① 数式バーの「テーブル」を「カレンダー」に変更します。

② 「＝」の右側をクリックし、「C」と入力します。

③ 「C」で始まる DAX 関数の一覧が表示されます。

④ [CALENDER] をクリックします。

Step **4** ▶ 売上日付の開始日を求める DAX 関数を入力します。

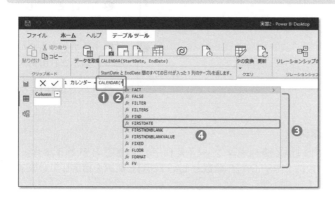

① 数式バーに「カレンダー ＝ CALENDAR（」と表示されていることを確認します。

② 「F」と入力します。

③ 「F」で始まる DAX 関数の一覧が表示されます。

④ [FIRSTDATE] をクリックします。

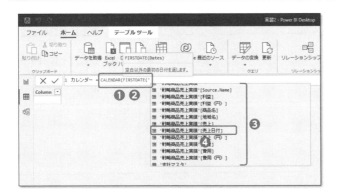

❶ 数式バーに「カレンダー ＝ CALENDAR（FIRSTDATE（」と表示されていることを確認します。

❷「'」と入力します。
※「'」は半角で入力します。

❸ テーブルとフィールド名の一覧が表示されます。

❹［' 戦略商品売上実績 '［売上日付］］をクリックします。

Tips 複数のテーブルがある場合のフィールド名

複数のテーブルがある場合のフィールド名は、「' テーブル名 '［フィールド名］」の形式で入力します。

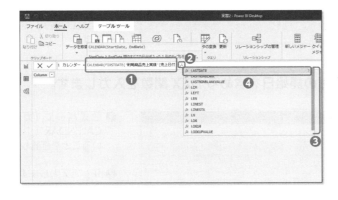

❶ 数式バーに「カレンダー ＝ CALENDAR（FIRSTDATE（' 戦略商品売上実績 '［売上日付］」と表示されていることを確認します。

❷「),L」と入力します。
※「),L」は全て半角で入力します。

❸「L」で始まる DAX 関数の一覧が表示されます。

❹［LASTDATE］をクリックします。

Tips DAX 関数のネスト

Power BI Desktop では DAX 関数をネスト（入れ子）することができます。ここでは CALENDAR 関数の引数に FIRSTDATE 関数と LASTDATE 関数を指定しています。

Step 7 ▶ LASTDATE関数の引数を入力しCALENDER関数を確定します。

❶ [' 戦略商品売上実績 ' [売上日付]] をクリックします。

❷ 「))」と入力します。

❸ Enter キーを押します。

Step 8 ▶ カレンダーテーブルにフィールド[Date] が作成されます。

❶ フィールド [Date] をクリックします。

❷ データ型に「日付と時刻」と表示されていることを確認します。

❸ [データ] ペインのフィールド [Date] のアイコンがカレンダーで表示されていることを確認します。

Step 9 ▶ カレンダーテーブルを独自の日付テーブルとして設定します。

❶ [テーブルツール] の [日付テーブルとしてマークする] の▼をクリックします。

❷ [日付テーブルとしてマークする] をクリックします。

Step 10 ▶ 日付テーブルの日付列を設定します。

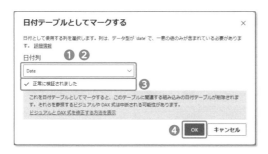

❶ [日付テーブルとしてマークする] ウィンドウの [日付列] の▼をクリックします。

❷ [Date] をクリックします。

❸ [正常に検証されました] と表示されていることを確認します。

❹ [OK] をクリックします。

Tips 日付テーブルとしてマークする

カレンダーテーブルを日付テーブルとしてマークすると、Power BI Desktop が自動的に生成した非表示の日付テーブルが削除されます。この操作を行う前に、日付フィールドを配置したグラフがある場合（ここでは商品別、年度別の複合グラフ）が設定通りに表示されないことがあります。

Step 11 ▶ カレンダーテーブルが日付テーブルとしてマークされます。

❶ [データ] ペインのフィールド [Date] のアイコンが変わったことを確認します。

One Point 日付フィールドが連続した日付ではない場合

本書では、フィールド [売上日付] を基にして 2018 年 4 月 1 日から 2023 年 3 月 31 日までの期間のカレンダーを作成しています。フィールド [売上日付] は連続した日付をもっている日付テーブルとして正常に検証されています。

業務上で扱うデータは連続した日付を持っていないケースもあります。連続していない日付のフィールドを日付テーブルの基データとして指定することはできません。その場合は、開始日と終了日に直接日付を指定します。

例えば、2018 年 4 月 1 日から今日までの日付テーブルを作成する場合は、以下のように入力して日付テーブルを作成します。

カレンダーテーブル = CALENDAR（"2018/4/1",TODAY()）

操作 カレンダーテーブルにフィールドを追加する

カレンダーテーブルにフィールド「年」、「月番号」、「年度」、「四半期」、「月」を追加します。

Step **1** ▶ カレンダーテーブルにフィールド「年」を追加します。

❶ [テーブルツール] タブの [新しい列] をクリックします。

❷ 「年 ＝ Year（[Date]）」と入力します。

❸ Enter キーを押して確定します。

3
実務で役立つレポート作成

Step **2** ▶ 同様にして表を参考にカレンダーテーブルに残りのフィールドを追加します。

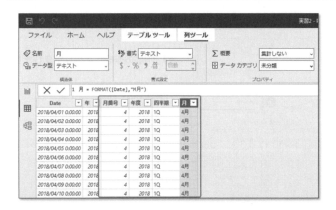

フィールド名	作成するメジャー	意味
月番号	月番号 ＝ MONTH（[Date] ）	Date から月を返す
年度	年度 ＝ IF（[月番号] <4, [年] -1, [年] ）	月番号が 4 未満なら年から 1 を引き、4 以上なら年を返す
四半期	四半期 ＝ IF（[月番号] <4, "4Q", IF（[月番号] <7, "1Q", IF（[月番号] <10, "2Q", "3Q")))	月番号が 4 未満なら 4Q、7 未満なら 1Q、10 未満なら 2Q、それ以外なら 3Q を返す
月	月 ＝ FORMAT （[Date], "M 月 "）	Date を 4 月のような和名で返す

Step 3 ▶ フィールド「年」、「月番号」をレポートビューに表示されないようにします。

操作 フィールド［年度］［四半期］［月］を階層構造に指定する

追加したフィールド［年度］を基準に［四半期］、［月］を日付の階層構造に指定し、レポートでドリル操作ができるように設定しましょう。

Step 1 ▶ フィールド［年度］を基準に階層構造を作成します。

❶ ［データ］ペインの［年度］の［•••］をクリックします。

❷ ［階層の作成］をクリックします。

Step 2 ▶ ［年度 階層］が作成されたことを確認します。

Step 3 ▶ ［年度 階層］に日付の階層を追加します。

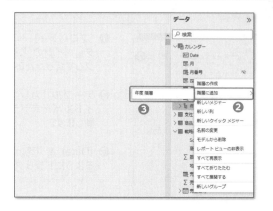

❶ ［データ］ペインの［四半期］の［•••］をクリックします。

❷ ［階層に追加］をポイントします。

❸ ［年度 階層］をクリックします。

Step 4 ▶ ［月］を［年度 階層］に追加し結果を確認します。

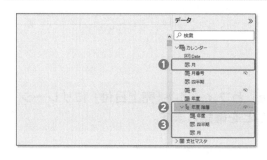

❶ 同様にして［月］を［年度 階層］に追加します。

❷ ［年度 階層］の左側の「>」をクリックします。

❸ フィールド［年度］、［四半期］、［月］が階層構造に設定されたことを確認します。

───

操作 テーブル［カレンダー］とテーブル［戦略商品売上実績］にリレーションシップを設定する

　テーブル［カレンダー］とテーブル［戦略商品売上実績］にリレーションシップを設定し、テーブル［カレンダー］に設定した［年度 階層］をレポートの日付フィールドに表示できるようにしましょう。

Step 1 ▶ ⊞［モデルビュー]をクリックしてモデルビューに切り替えます。

3

実務で役立つレポート作成

Step 2 ▶ フィールド[Date]とフィールド[売上日付]にリレーションシップを設定します。

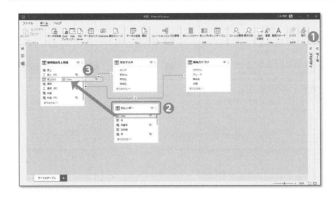

❶ [プロパティ]ペインと[データ]ペインの[>>]をクリックして折りたたみます。

❷ テーブル[カレンダー]のタイトルバーをドラッグして移動します。

❸ [Date]を[売上日付]に重なるようにドラッグします。

Tips **折りたたみと展開**

画面の表示領域を広げるために[プロパティ]ペインや[データ]ペインを折りたたみたい場合は[>>]をクリックして折りたたみます。再度表示したい場合は[<<]をクリックして展開します。

Step 3 ▶ フィールド[Date]とフィールド[売上日付]にリレーションシップが設定されたことを確認します。

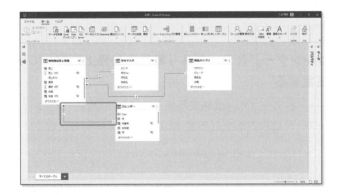

操作 **複合グラフに[年度 階層]を設定する**

商品別、年度別の複合グラフのX軸に作成した[年度 階層]を指定し、日本の会計年度に合わせて表示されるように設定しましょう。また、複合グラフが[年度 四半期 月]の昇順で並ぶように並び替えましょう。

Step 1 ▶ 📊 ［レポートビュー］をクリックしてレポートビューに切り替えます。

Step 2 ▶ 複合グラフの［X 軸］の［売上日付］を削除します。

❶ 複合グラフの X 軸に売上日付が日付ごとに表示されていることを確認します。

❷ ［ビジュアルのビルド］をクリックします。

❸ ［X 軸］の［売上日付］の［×］をクリックします。

Tips 売上日付の表示

複合グラフはカレンダーテーブルを［日付テーブルとしてマーク］する前に作成したため、Power BI Desktop に自動的に設定されていた日付の階層が削除され、月ごとの表示ができなくなり日付ごとの表示になっています。

Step 3 ▶ フィールド［年度 階層］を X 軸に配置します。

❶ ［データ］ペインの［カレンダー］の左側の［>］をクリックして展開します。
※テーブル［カレンダー］のフィールド名が表示されている場合はこの手順は不要です。

❷ ［X 軸］に［年度 階層］をドラッグします。

Step 4 ▶ 複合グラフの並び順を年度の階層に変更します。

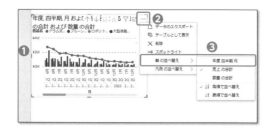

❶ 複合グラフが金額の降順で並んでいることを確認します。

❷ 複合グラフの右上の［•••］をクリックします。

❸ ［軸の並べ替え］の［年度 四半期 月］をクリックします。

Step 5 ▶ 複合グラフの並び順を昇順に変更します。

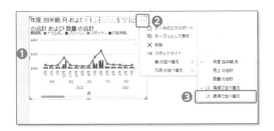

① 複合グラフが［年度 四半期 月］の降順で並んでいることを確認します。

② 複合グラフの右上の[•••]をクリックします。

③ ［軸の並べ替え］の［昇順で並べ替え］をクリックします。

Tips グラフの並び順

X 軸にテーブル［カレンダー］の［年度 階層］を配置しただけでは複合グラフの並び順は変わりません。手動で並び順を変更する必要があります。

Step 6 ▶ 複合グラフが年度の早い順に並べ替えられます。

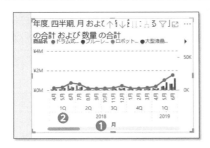

① X 軸の表示が 2018 年からに変わります。

② 1Q に「4 月」から「6 月」が表示されていることを確認します。

Step 7 ▶ 複合グラフの表示を四半期の表示に切り替えます。

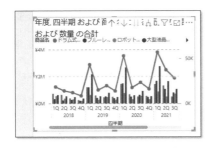

操作　効率良くグラフを作成する

　複数年度の分析を行うために、エリア別・年度別の複合グラフ、商品別年度別の売上推移、商品別年度別の利益推移、エリア別年度別の売上推移、エリア別年度別の利益推移をそれぞれ表す折れ線グラフを作成します。このような場合は、一つのグラフを作り込んでコピーし、配置するフィールドを変更すると、効率良く作業ができます。

Step 1 ▶ 複合グラフの選択を解除し、🖾［折れ線グラフ］を選択します。

Step 2 ▶ 表を参考に折れ線グラフに配置するフィールドを指定します。

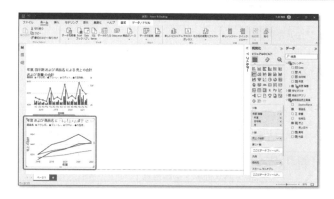

位置	テーブル名	フィールド名
X 軸	カレンダー	年度 階層
Y 軸	戦略商品売上実績	売上
凡例	戦略商品売上実績	商品名

Step 3 ▶ 図を参考に折れ線グラフを複合グラフの右側に移動します。

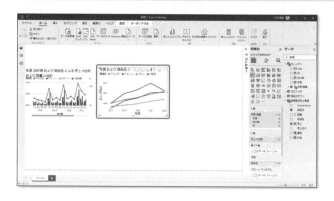

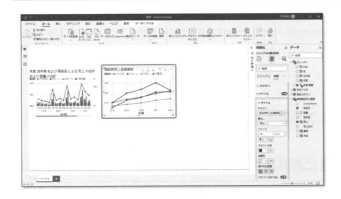

[ビジュアル] タブ		
Y 軸	タイトル	オフ
グリッド線（横）	スタイル	破線
	カラー	任意の色
グリッド線（縦）	スタイル	破線
	カラー	任意の色
マーカー	オン	
[全般] タブ		
タイトル	テキスト	商品別売上金額推移

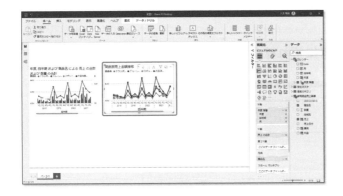

Step 6 ▶ 折れ線グラフをコピーして右端に移動し、表を参考に設定を変更します。

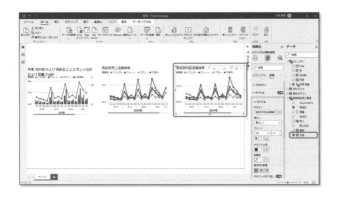

[ビジュアルのビルド]		
Y 軸	利益	
[ビジュアルの書式設定] [全般] タブ		
タイトル	テキスト	商品別利益金額推移

Tips グラフの複製

作成済みのグラフを複製するには、グラフをコピーして、何もないところをクリックしてから貼り付けます。

Step 7 ▶ 作成済みの複合グラフと折れ線グラフをコピーして移動し、凡例をテーブル[支社マスタ]のエリアに変更します。

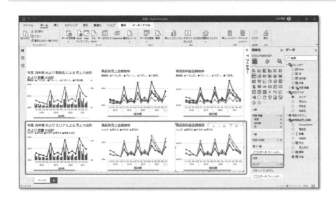

Step 8 ▶ 図を参考にエリア別の折れ線グラフのタイトルを変更します。

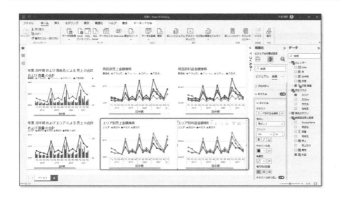

操作 複数のカードを作成する

　複数年度の分析を行うために、「総売上金額」「平均売上金額」「総利益金額」「平均利益金額」を表示するカードを作成します。グラフと同様に一つのカードを作り込んでコピーし、計算方法の変更やフィールドの変更を行うと、効率良く作業ができます。

Step 1 ▶ グラフの選択を解除し、🔢［カード］を選択します。

Step 2 ▶ カードにテーブル［戦略商品売上実績］のフィールド［売上］を配置します。

Step **3** ▶ 図を参考にカードのサイズ変更を行い移動します。

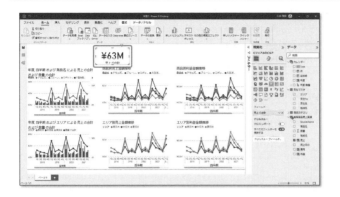

Step **4** ▶ 表を参考にカードの書式を変更します。

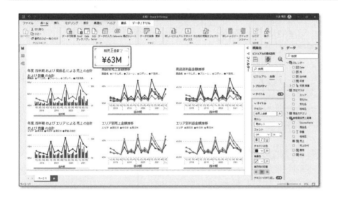

[ビジュアル] タブ		
吹き出しの値	フォント	40 ポイント
カテゴリラベル	オフ	
[全般] タブ		
タイトル	オン	
	テキスト	総売上金額
	横位置の方向	中央

3

実務で役立つレポート作成

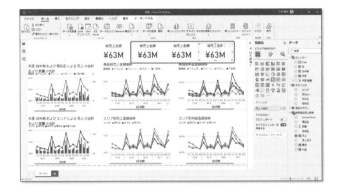

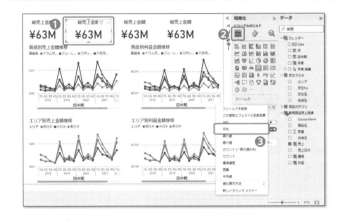

❶ 左から2番目のカードをクリックします。

❷ [ビジュアルのビルド] が選択されていることを確認します。

❸ フィールド [売上の合計] の一覧の [平均] をクリックします。

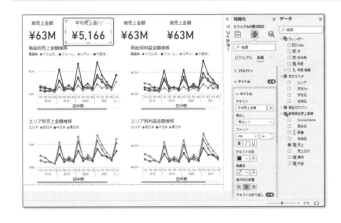

Step 8 ▶ 左から3番目と4番目のカードにフィールド[利益]を配置し、図を参考にタイトルを変更します。

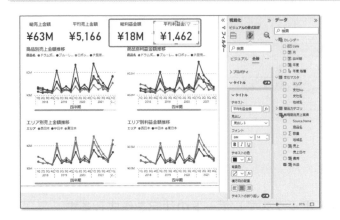

操作 レポートのタイトルと注記を作成する

レポートの左上にタイトルと注記をテキストボックスで作成しましょう。またシート名を変更してレポートを完成させましょう。

Step 1 ▶ カードの選択を解除し、[ホーム]タブの[テキストボックス]をクリックします。

Step 2 ▶ 図を参考にテキストボックスにレポートのタイトルを入力します。

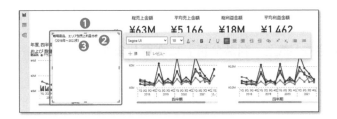

❶ テキストボックスがレポートに作成されます。

❷ 「戦略商品、エリア別売上利益分析」と入力し改行します。

❸ 2行目に「(2018年～2022年)」と入力します。

Step 3 ▶ テキストボックスの文字の書式を設定し、サイズを変更して移動します。

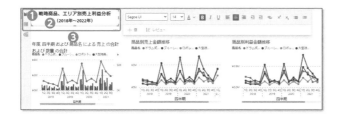

❶ 1行目のフォントサイズを16ポイント、太字、中央に設定します。

❷ 2行目のフォントサイズを14ポイント、太字、中央に設定します。

❸ 図を参考にテキストボックスのサイズを変更し、レポートの左上に移動します。

Step 4 ▶ テキストボックスでレポートの注記を作成します。

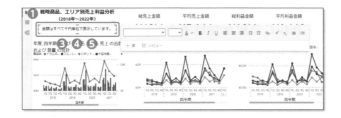

❶ テキストボックスの選択を解除します。

❷ [ホーム] タブの [テキストボックス] をクリックします。

❸ 「金額はすべて千円単位で表示しています。」と入力します。

❹ フォントサイズを12ポイント、中央に設定します。

❺ 図を参考にテキストボックスのサイズを変更し、レポートのタイトルの下に移動します。

Step 5 ▶ シート名を「売上・利益分析」に変更します。

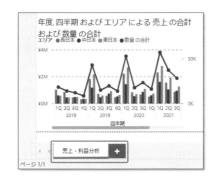

3-3-3 メジャーの活用

複数年度の売上分析を行う場合は、前年度売上と今年度売上の比較や、前年度売上に対して今年度売上がどのくらい伸びているかを比較することがあります。

Power BI Desktop では、メジャーを使ってそれらの計算ができます。またよく使われる計算式は、Power BI Desktop にクイックメジャーとして登録されています。

メジャーは既存のテーブルに追加することもできますが、管理しやすいようにメジャーだけをまとめたテーブル［集計用］を作成します。テーブル［集計用］を他のテーブルと組み合わせて商品別、エリア別に分析するマトリックスを作成しましょう。

・この項で作成するレポート

❶テキストボックス	❷折れ線グラフ	❸マトリックス

・この項で扱う DAX 関数

集計関数
SUM 関数 数値フィールドのすべての数値を加算します。 書式：SUM（[数値フィールド]）

フィルター関数
CALCULATE 関数 計算条件に指定した条件に基づき、計算対象の数式を集計します。 ※計算条件は複数指定可能です。 書式：CALCULATE（計算対象の数式，計算条件 1，計算条件 2...）

タイムインテリジェンス関数
PREVIOSYEAR 関数 日付フィールド内の最後の日付に基づいて、前年のすべての日付の列を含むテーブルを返します。 書式：PREVIOSYEAR（[日付フィールド]，" 年度末の日付 "）

・この項で作成するメジャー

名称	式	内容
利益率	=SUM(' 戦略商品売上実績 '[利益])/ SUM(' 戦略商品売上実績 '[売上])	[利益] の合計を [売上] 合計で割る
前年度売上	= CALCULATE（SUM（' 戦略商品売上実績 '[売上]), PREVIOSYEAR（' カレンダー '[Date] ,"3/31"))	[カレンダー] の [Date] の年度末の日付を 3/31 として前年度の日付を求め、それを条件に [売上] を合計する

操作 新しいページにレポートを作成する

新しいページを挿入し、単年度の分析を行うレポートを作成しましょう。

Step 1 ▶ 新しいページを挿入します。

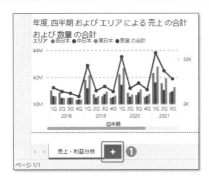

❶ [新しいページ] をクリックします。

Step 2 ▶ ページの名前を「単年度分析」に変更します。

Tips ページの削除

挿入したページを削除するには、ページをポイントすると表示される×をクリックします。

削除の確認メッセージが表示されたら[削除]をクリックします。

このページを削除

レポートを後で保存する場合、このページは Power BI により完全に削除されます。このページを削除してもよろしいですか?

削除　キャンセル

Step 3 ▶ レポートのタイトルをテキストボックスで作成します。

❶ [ホーム] タブの [テキストボックス] をクリックします。

❷ 「商品・エリア別分析（単年度）」と入力します。

❸ フォントサイズを 20 ポイント、太字、中央に設定します。

❹ 図を参考にテキストボックスを移動しサイズを変更します。

3
実務で役立つレポート作成

Step 4 ▶ ページ「売上・利益分析」に切り替えて、折れ線グラフ「商品別売上金額推移」をコピーします。

Step 5 ▶ ページ「単年度分析」に切り替えて、折れ線グラフ「商品別売上金額推移」を貼り付けてレポートタイトルの下に移動します。

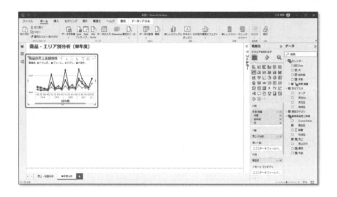

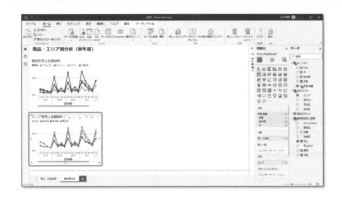

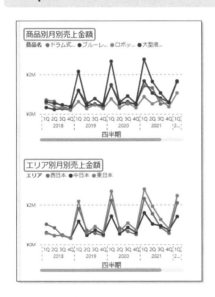

操作 集計用テーブルを作成する

　メジャーをまとめるテーブル［集計用］を作成しましょう。テーブル［集計用］はデータがない空のテーブルとして作成します。

Step 1 ▶ ⊞ [データ ビュー] をクリックしてデータ ビューに切り替えます。

Step 2 ▶ 新しいテーブルを作成します。

❶ [ホーム] タブをクリックします。

❷ [データの入力] をクリックします。

Tips 空のテーブルの作成

空のテーブルを作成するには、[ホーム] タブの [データの入力] をクリックします。

Step 3 ▶ テーブル[集計用] を作成します。

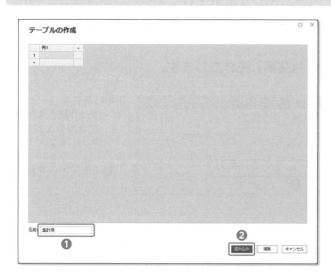

❶ [名前] ボックスに「集計用」と入力します。

❷ [読み込み] をクリックします。

Step 4 ▶ テーブル[集計用] が作成されます。

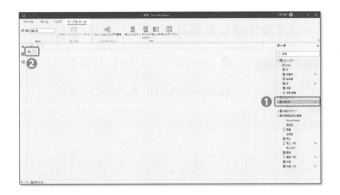

❶ [データ] ペインの [集計用] をクリックします。

❷ データがないことを確認します。

操作 メジャー [利益率]、[前年度売上] を作成する

テーブル [集計用] にメジャー [利益率]、[前年度売上] を作成しましょう。また不要なフィールド [列1] を削除しましょう。

Step 1 ▶ テーブル[集計用] が選択されていることを確認し、[テーブルツール] の[新しいメジャー] をクリックします。

Step 2 ▶ メジャー[利益率] を作成します。

❶ 「利益率 = SUM('戦略商品売上実績'[利益])/SUM('戦略商品売上実績'[売上])と入力します。

❷ Enter キーを押して確定します。

Step 3 ▶ メジャー[前年度売上]を作成します。

❶ [メジャーツール] タブの [新しいメジャー] をクリックします。

❷「前年度売上 = CALCULATE (SUM('戦略商品売上実績'[売上]), PREVIOSYEAR (' カレンダー ' [Date] ,"3/31"))」と入力します。

❸ Enter キーを押して確定します。

Tips メジャーの作成

テーブルにメジャーを作成した後は、[メジャーツール] タブが表示されます。メジャーは [メジャーツール] タブの [新しいメジャー] ボタンをクリックしても作成できます。

Step 4 ▶ 不要なフィールド[列1]を削除します。

❶ [データ] ペインの [列1] の [•••] をクリックします。

❷ [モデルから削除] をクリックします。

Step 5 ▶ 削除の確認メッセージが表示されたら[はい]をクリックします。

Step 6 ▶ テーブル［集計用］からフィールド［列1］が削除されたことを確認します。

| 操作 クイックメジャー［前年比］を作成する

クイックメジャーで［前年比］を作成しましょう。

Step 1 ▶ ［クイックメジャー］ペインを表示します

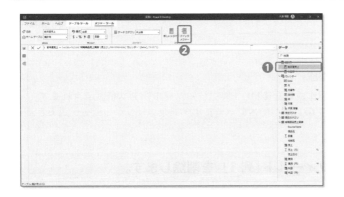

❶ テーブル［集計用］の［前年度売上］が選択されていることを確認します。

❷ ［メジャーツール］タブの［クイックメジャー］をクリックします。

Step 2 ▶ クイックメジャーで行う計算を指定します。

❶ ［計算を選択してください］の▼をクリックします。

❷ ［タイムインテリジェンス］の［前年比の変化］をクリックします。

144

Step **3** ▶ 計算の基準値を指定します。

❶ [基準値] の [＋データの追加] をクリック
します。

❷ [戦略商品売上実績] の [売上] をクリック
します。

Step **4** ▶ 計算に使う日付を指定します。

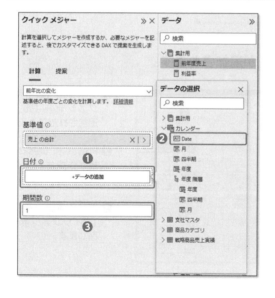

❶ [日付] の [＋データの追加] をクリックし
ます。

❷ [カレンダー] の [Date] をクリックします。

❸ [期間数] に [1] と表示されていることを
確認します。

Step **5** ▶ クイックメジャーを追加します。

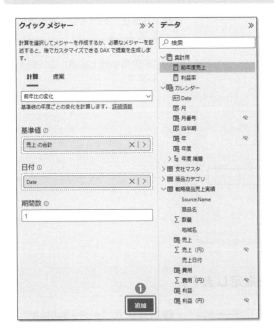

❶ [追加] をクリックします。

Step **6** ▶ クイックメジャーが追加されます。

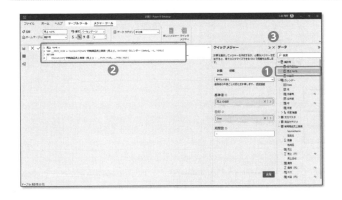

❶ テーブル [集計用] にクイックメジャー [売上 YoY%] が追加されたことを確認します。

❷ Power BI Desktop により数式が作成されたことを確認します。

❸ 閉じるボタンをクリックして [クイックメジャー] ペインを閉じます。

Step 7 ▶ クイックメジャーの名前を変更します。

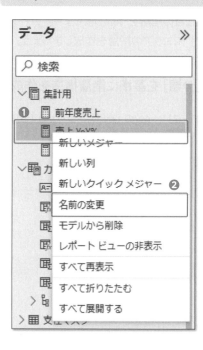

❶ [データ] ペインの [売上 YoY%] の [・・・] をクリックします。

❷ [名前の変更] をクリックします。

Step 8 ▶ クイックメジャーの名前を「前年比」に変更します。

❶ [売上 YoY%] が反転していることを確認します。

❷ 「前年比」と入力します。

❸ Enter キーを押して確定します。

Step 9 ▶ クイックメジャーの名前が「前年比」に変更されたことを確認します。

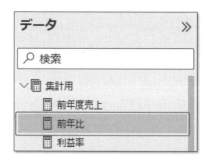

▍操作　独自の階層を作成する

　マトリックスを階層構造で表示するために、独自の階層を作成しましょう。テーブル［商品カテゴリ］に分類の階層、テーブル［支社マスタ］にエリアの階層を作成しましょう。

Step 1 ▶ テーブル［商品カテゴリ］の［分類］を基準に階層構造を作成します。

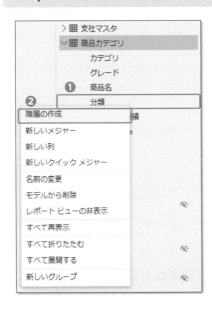

❶ ［データ］ペインの［商品カテゴリ］の［分類］を右クリックします。

❷ ［階層の作成］をクリックします。

Step 2 ▶ ［分類 階層］に［商品名］の階層を追加します。

❶ ［データ］ペインの［商品名］を右クリックします。

❷ ［階層に追加］の［分類 階層］をクリックします。

Step 3 ▶ 同様にしてテーブル［支社マスタ］の［エリア］に階層を作成し［支社名］を追加して結果を確認します。

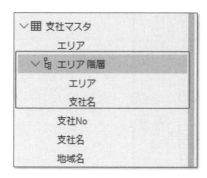

操作 マトリックスを作成する

　作成したメジャー、クイックメジャーを利用して分類階層毎に表示するマトリックスを作成しましょう。また作成したマトリックスをコピーして、エリア階層毎に表示するマトリックスを作成しましょう。

Step 1 ▶ 📊［レポート ビュー］をクリックしてレポート ビューに切り替えます。

Step 2 ▶ マトリックスを作成します。

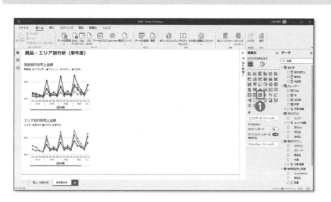

❶グラフの選択を解除し［マトリックス］をクリックします。

3

実務で役立つレポート作成

Step 3 ▶ 表を参考にマトリックスに配置する項目を指定します。

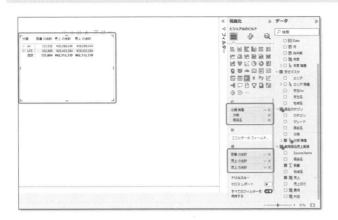

位置	テーブル名	フィールド名
行	商品カテゴリ	分類 階層
値	戦略商品売上実績	数量
	戦略商品売上実績	売上
	戦略商品売上実績	売上

Step 4 ▶ 二つ目に配置した売上の計算方法を変更して総売上比を作成します。

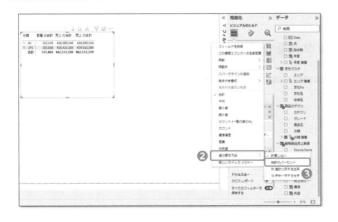

❶ 二つ目の［売上の合計］の▼
をクリックします。

❷［値の表示方法］をポイントし
ます。

❸［総計のパーセント］をクリッ
クします。

Step 5 ▶ **表を参考にマトリックスに配置する残りの項目を指定します。**

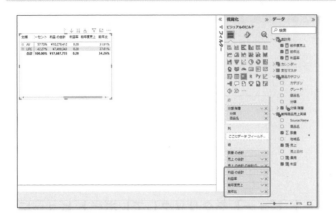

位置	テーブル名	フィールド名
値	戦略商品売上実績	利益
	集計用	利益率
	集計用	前年度売上
	集計用	前年比

Tips **フィールド名の非表示**

フィールド名が多く探しづらい場合は、操作に必要のないテーブルの左側の［>］をクリックしてフィールドを非表示にしてから操作しましょう。

Step 6 ▶ **図を参考にマトリックスのサイズを変更します。**

操作 **利益率の表示形式を変更する**

利益率の書式を設定していないため値が小数点で表示されています。小数点以下2桁を表示するパーセント表示に変更しましょう。利益率の書式は［データ ビュー］で変更します。

Step 1 ▶ **⊞［データ ビュー］をクリックしてデータ ビューに切り替えます。**

Step 2 ▶ 利益率の書式を設定します。

❶ テーブル [集計用] の [利益率]
をクリックします。

❷ [メジャーツール] タブの [こ
の値をパーセンテージで表示
します。] をクリックします。

❸ [この値に表示される小数点以
下の桁数を変更します。] に [2]
と表示されていることを確認
します。

Step 3 ▶ 📊 [レポート ビュー] をクリックしてレポート ビューに切り替えます。

Step 4 ▶ マトリックスの利益率が小数点以下 2 桁を表示するパーセントで表示されたことを確認します。

分類	数量 の合計	売上 の合計	売上 の合計 の総計のパーセント	利益 の合計	利益率	前年度売上	前年比
⊞ AV	332,936	¥36,089,046	57.73%	¥10,278,412	28.48%		31.91%
⊞ LIFE	202,868	¥26,423,284	42.27%	¥7,409,343	28.04%		37.61%
合計	535,804	¥62,512,330	100.00%	¥17,687,755	28.29%		34.26%

Step 5 ▶ マトリックスをドリルダウンして分類の内訳を表示します。

One Point マトリックスの表示

マトリックスに配置した「売上の合計の総計のパーセント」と「前年比」は初めから小数点
以下 2 桁を表示するパーセントで表示されていました。Power BI Desktop で選択した項目
には自動的に書式が設定されるためです。それに対して「利益率」は手動でメジャーを作成
したため、書式は自分で設定する必要があります。

また、この時点で前年度売上は空欄で表示されています。これは、現在表示されているのが
2018 年から 2022 年の 5 年分の値になっているためです。

次の節で年度毎の表示を行うスライサーを作成し、単年度の値を表示する設定を行うこと
で、前年度売上に値が表示されるようになります。

操作　マトリックスの書式設定を行う

　マトリックスの書式設定を行い、列幅を調整してすべての項目が表示されるようにしましょう。

　また、マトリックスを複製して分類の階層をエリアの階層に変更しましょう。

Step 1 ▶ 表を参考にマトリックスの書式を設定します。

[ビジュアル] タブ			
値	フォントサイズ	12 ポイント	
セル要素	系列	前年比	背景色をオン

Step 2 ▶ 図を参考にマトリックスの列幅を変更します。

❶ 作成したマトリックスをコピーして貼り付けます。

❷ 折れ線グラフ［エリア別月別実績］の右側に移動します。

❸ ［ビジュアルのビルド］タブの［行］の［分類 階層］を削除し［エリア 階層］を配置します。

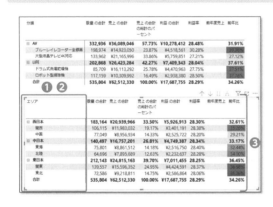

❶ 分類のマトリックスを参考にエリアの列幅を広げます。

❷ ドリルダウンしてエリアの内訳を表示します。

❸ すべての行が表示されるようにマトリックスのサイズを調整します。

3-4　人に使ってもらうための工夫

　Power BI Desktop の操作に不慣れな方にもレポートを使ってもらう場合、誰でも簡単に操作ができるように配慮することが大切です。

　ページ［単年度分析］にスライサーを配置して、作成したレポートを年度別に簡単に切り替えられるように設定します。

　また、2018 年度よりも前の値がないため、2018 年度の値を表示すると、前年度売上は表示されません。そのため、ページ［単年度分析］には 2019 年度以降の値を表示するように、フィルターで設定します。

　本書ではフィルターはスライサーに設定していますが、それ以外のビジュアルやデータ ビューでも利用できます。

　また、ボタンを配置してページ［売上・利益分析］からページ［単年度分析］への移動や、ページ［単年度分析］からページ［売上・利益分析］への移動が簡単にできるように設定します。

▪ この節の完成例

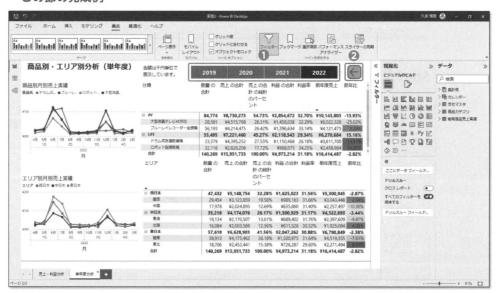

❶ タイル型のスライサー	❷ ページを移動するボタン

3-4-1　スライサーの作成とフィルターの設定

　タイル型のスライサーを配置すると、クリックするだけで簡単にレポートを切り替えることができます。また、作成したスライサーにフィルターを設定して特定の値だけを表示することもできます。

操作 年のタイル型のスライサーを作成する

テーブル［カレンダー］の［年度］を配置したタイル型のスライサーを作成しましょう。

Step 1 ▶ スライサーを作成します。

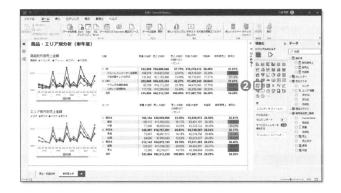

❶ ビジュアルの選択を解除します。

❷ ［スライサー］をクリックします。

Step 2 ▶ スライサーに表示するフィールドを指定します。

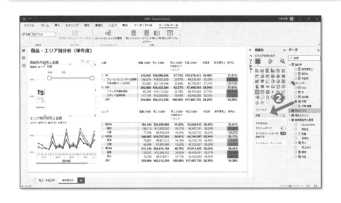

❶ ［フィールド］に［カレンダー］の［年度］を配置します。

Step 3 ▶ 表を参考にスライサーの書式を設定します。

[ビジュアル] タブ		
スライサーの設定	スタイル	タイル
スライサーヘッダー	オフ	
値	フォント	16 ポイント
	太字	
	フォントの色	白
	背景	テーマの色 1（水色）

Step 4 ▶ 図を参考にスライサーをレポートの右上に移動しサイズを調整します。

■ **操作**　スライサーにフィルターを設定する

スライサー［年度］にフィルターを設定して、2018 年度を非表示にしましょう。

Step **1** ▶ フィルターの[<<]をクリックして[フィルター]ペインを表示します。

Step **2** ▶ スライサー[年度]にフィルターを設定します。

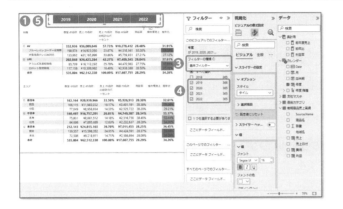

❶ スライサー[年度]が選択されていることを確認します。

❷ [フィルター]ペインの[年度]の▼をクリックして展開します。

❸ [フィルターの種類]の一覧の[基本フィルター]をクリックします。

❹ [2019][2020][2021][2022]のチェックボックスをオンにします。

❺ スライサー[年度]に[2018]のタイルが非表示になったことを確認します。

Step **3** ▶ フィルターの[>>]をクリックして[フィルター]ペインを非表示にします。

Step **4** ▶ スライサーの動作を確認します。

❶ スライサー[年度]の[2022]のタイルをクリックします。

❷ マトリックスに「前年度売上」の値が表示されたことを確認します。

❸ 小数点以下2桁が表示されていることを確認します。

操作 メジャー[前年度売上]の書式を変更する

メジャー[前年度売上]の書式を変更し、日本語の通貨記号表示にしましょう。

Step 1 ▶ メジャー［前年度売上］の書式を変更します。

❶ ［データ ビュー］をクリックします。

❷ ［データ］ペインの［前年度売上］をクリックします。

❸ ［メジャーツール］タブの［この列の値を通貨として表示します。］の▼をクリックし［日本語（日本）］をクリックします。

Step 2 ▶ メジャー［前年度売上］の書式が変更されたことを確認します。

❶ ［レポート ビュー］をクリックします。

❷ フィールド［前年度売上］に日本語の通貨記号が設定されたことを確認します。

操作 レポートのレイアウトを整える

レポートのタイトルとスライサー［年度］の間に注記を作成しましょう。また、折れ線グラフをドリルダウンして月毎の表示にし、レポートのレイアウトを整えましょう。

Step 1 ▶ テキストボックスで注記を作成します。

❶ ビジュアルの選択を解除し［ホーム］タブの［テキストボックス］をクリックします。

❷ 「金額は千円単位で」と入力し改行します。

❸ 「表示しています。」と入力します。

❹ 入力した文字のフォントサイズを 12 ポイントにします。

❺ 文字の配置を中央にします。

Step 2 ▶ 図を参考にテキストボックスのサイズを変更し、レポートのタイトルとスライサーの間に移動します。

Step 3 ▶ 折れ線グラフを月毎の表示にドリルダウンし、月の文字が横向きに表示されるように折れ線グラフやマトリックスの幅を調整します。

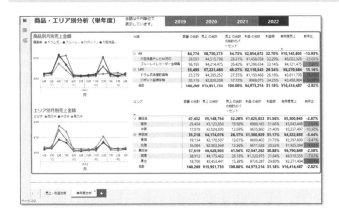

3-4-2　ボタンの作成とレポートのロック

　すべての操作をレポート上だけでできるように、ボタンを作成してページ間の移動ができるように設定します。また、レポートの編集が完了したら、レポートに配置したテキストボックスやビジュアルを移動できないようにロックします。

▌操作　ページを移動するボタンを作成する

　レポートのページを移動するボタンを作成し、ページ［売上・利益分析］と［単年度分析］を移動できるようにしましょう。

Step 1 ▶ ページ［売上・利益分析］にボタンを配置します。

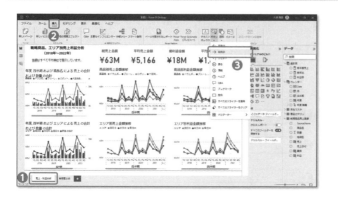

❶ ページ［売上・利益分析］を
　 クリックします。

❷ ［挿入］タブをクリックします。

❸ ［ボタン］の一覧の［右矢印］
　 をクリックします。

Step 2 ▶ ボタンをページの右上に移動します。

Step 3 ▶ 表を参考にボタンの書式を設定します。

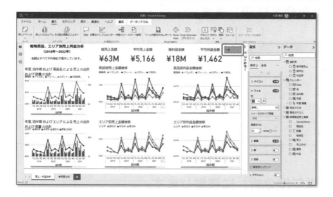

［ボタン］タブ			
シェイプ	シェイプ	角丸四角形	
スタイル	フィル	オン	
		色	テーマの色1（水色）
	罫線	オン	

Step 4 ▶ ボタンのアクションを設定します。

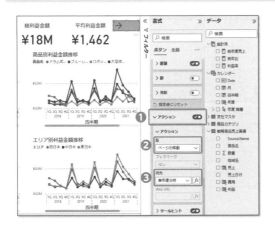

❶ [アクション] をオンにします。

❷ [型] の一覧の [ページの移動] をクリックします。

❸ [宛先] の一覧の [単年度分析] をクリックします。

Step 5 ▶ 図を参考にボタンのサイズと位置を調整します。

Step 6 ▶ ボタンの動作を確認します。

❶ ボタンの選択を解除します。

❷ Ctrl キーを押しながらボタンをクリックします。

Step 7 ▶ ページ[単年度分析]に移動します。

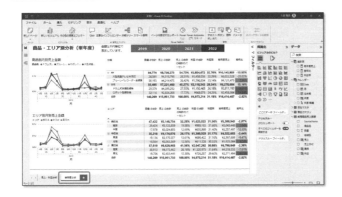

Step 8 ▶ 同様にしてページ[単年度分析]に左矢印のボタンを配置してページの右上に移動します。

Step 9 ▶ 表を参考に左矢印のボタンの設定をします。

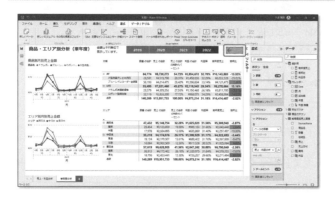

[ボタン] タブ		
シェイプ	シェイプ	角丸四角形
スタイル	フィル	オン
		色	テーマの色1(水色)
	罫線	オン
アクション	オン	
	型	ページの移動
	宛先	売上・利益分析

Step 10 ▶ 図を参考にボタンのサイズと位置を調整します。

Step 11 ▶ 左矢印のボタンの動作を確認します。

操作 レポートの表示をロックする

　レポートを操作するときに、レポートに配置したオブジェクトを移動できないように
ロックしましょう。

Step 1 ▶ レポートのオブジェクトをロックします。

❶ [表示] タブをクリックします。

❷ [オブジェクトをロック]
チェックボックスをオンにし
ます。

Tips オブジェクト

レポートに配置したテキストボックス、スライサー、グラフ、マトリックスを総称してオブ
ジェクトといいます。

Step 2 ▶ オブジェクトがロックされていることを確認します。

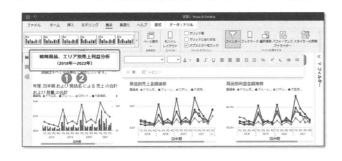

❶ レポートのタイトルをクリッ
クします。

❷ テキストボックスが移動でき
ないことを確認します。

Step 3 ▶ レポートの何もないところをクリックして選択を解除します。

Step 4 ▶ レポート実習 2 を上書き保存し Power BI Desktop を閉じます。

第 4 章

Power BI サービス でのレポート運用

「Power BI サービス」を利用すれば、Power BI Desktop で作成したレポートを発行して共有したり、複数のレポートから任意のグラフを表示するダッシュボードを作成したりすることができます。本章では、Power BI サービスの活用方法を学びましょう。

4-1　Power BI サービスでできること
4-2　Power BI サービスへのレポート発行
4-3　レポートのデータの更新と便利な機能

4-1 Power BI サービスでできること

3章までの操作で、Power BI Desktop を使ってレポートを作成する方法を確認しました。

作成したレポートを会社内で共有したい、スマートフォンで外出先から閲覧したいという場合は、Power BI サービスを利用します。

Power BI サービスでは Power BI Desktop で作成したレポートを発行して共有したり、複数のレポートから任意のグラフを表示するダッシュボードを作成したりすることができます。

4-1-1 Power BI サービスの画面構成

Power BI サービスでの作業は、マイワークスペースで行います。マイワークスペースの画面構成について確認しましょう。

名称	機能
❶ナビゲーション ウィンドウ	Power BI サービスの機能を切り替えます。
❷[検索] ボックス	Power BI サービスの検索ができます。
❸[設定]	Power BI サービスの設定メニューが表示されます。
❹ユーザー アカウント	現在のユーザーアカウントが表示されます。クリックするとアカウントの設定や切り替えが行えます。

4-2 Power BI サービスへのレポート発行

Power BI Desktop で作成したレポートを Power BI サービスに発行しましょう。発行したレポートを基に Power BI サービスで任意のグラフを表示するダッシュボードを実際に作成しましょう。

Power BI サービスでは作成したダッシュボードからスマートフォン用のレイアウト（モバイルレイアウト）を簡単に作成できます。

4-2-1 レポートの発行

Power BI Desktop で作成したレポートを Power BI サービスに発行してみましょう。

レポートを発行するには、あらかじめ Power BI Desktop に組織や学校のアカウントでサインインする必要があります。

発行したレポートはマイワークスペースにアップロードされます。マイワークスペースは個人用の作業スペースに当たるもので、レポートを発行した本人だけが閲覧可能な領域です。

発行したレポートを会社内で共有するには、マイワークスペースのレポートを共有します。

> **Tips** 共有したレポートの閲覧
>
> 共有したレポート閲覧するには、共有したユーザーも Power BI サービスのライセンス、Power BI Pro または Power BI Premium が必要になります。

操作 レポートを発行する

フォルダー［実習ファイル］内のレポート［実習 3］、［実習 4］、［実習 5］を Power BI サービスに発行しましょう。

Step 1 ▶ **Power BI Desktop を起動します。**

Step 2 ▶ 発行するレポート［実習3］を開き、データソースを自分の実習
データのファイルに変更します。

Step 3 ▶ レポート［実習3］を発行します。

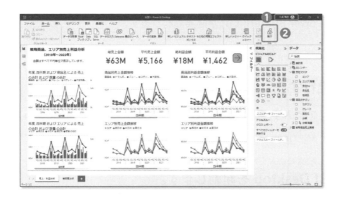

❶ Power BI Desk top にサイン
インしていることを確認します。

❷ ［発行］をクリックします。

Step 4 ▶ ［変更を保存しますか？］のメッセージが表示されたら［保存］を
クリックします。

Step 5 ▶ レポートを発行する宛先を指定します。

❶ [マイ ワークスペース] をクリックします。

❷ [選択] をクリックします。

Step 6 ▶ [Power BI へ発行する] ダイアログボックスが表示されます。

❶ レポートの発行が完了すると [成功しました！] と表示されます。

❷ [OK] をクリックします。

Step 7 ▶ 同様にして、レポート[実習 4]、[実習 5] を開き、データソースを自分の実習データのファイルに変更後、レポートを発行します。

操作 Power BI サービスにサインインする

Power BI サービスにサインインしましょう。

Step 1 ▶ Power BI サービスにサインインします。

❶ ユーザーアカウントをクリックします。

❷ [Power BI サービス] をクリックします。

Step 2 ▶ Power BI サービスにサインインするアカウントを選択します。

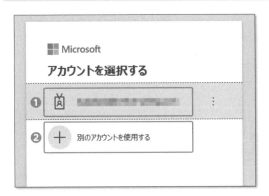

❶ Power BI サービスにログインしたことのあるアカウントが表示されます。

❷ 自分のアカウントの場合はアカウントをクリックします。別のアカウントでログインする場合は、[別のアカウントを使用する]をクリックします。

Step 3 ▶ Power BI サービスにサインインするメールアドレスを入力します。

❶ Power BI サービスに登録したメールアドレスを入力します。

❷ [次へ] をクリックします。

Step 4 ▶ Power BI サービスにサインインするパスワードを入力します。

❶ Power BI サービスに登録したパスワードを入力します。

❷ [サインイン] をクリックします。

Step **5** ▶ サインインの状態を維持するかを指定します。

❶ ［いいえ］をクリックします。

Step **6** ▶ Power BI サービスのホーム画面が表示されます。

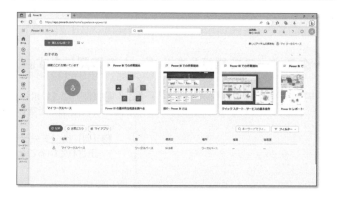

Tips **Power BI サービスへのサインイン**

本書では Power BI Desktop からサインインする方法を説明しましたが、ブラウザからサインインすることもできます。ブラウザから Power BI サービスにサインインするには、アドレスバーに「app.powerbi.com」と入力して Power BI サービスの web サイトを表示します。

4
Power BI サービスでのレポート運用

操作 Power BI サービスで発行したレポートを確認する

Power BI サービスに発行したレポートは、マイワークスペースにアップロードされます。レポート［実習 3］、［実習 4］、［実習 5］を確認しましょう。

Step 1 ▶ マイワークスペースを表示します。

❶［マイワークスペース］をクリックします。

Step 2 ▶ マイワークスペースで発行したレポートを確認します。

❶［型］に［レポート］と表示されていることをします。

❷［型］に［データセット］と表示されていることをします。

Tips Power BI サービスに発行したレポート

Power BI サービスに発行したレポートは、レポートとデータセットが別々に発行されます。
▥ のアイコンはレポート、▦ のアイコンはデータセットを表しています。

Step 3 ▶ 発行したレポートを Power BI サービスで確認します。

❶ [実習 3] をクリックします。

Step 4 ▶ レポート［実習 3］が表示されます。

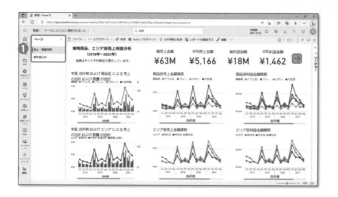

❶ 複数ページを持つレポートは
［ページ］ペインが表示されま
す。

Step 5 ▶ レポート［実習 3］のページを切り替えます。

❶ [単年度分析] をクリックしま
す。

Step 6 ▶ レポート［実習3］のページが切り替わります。

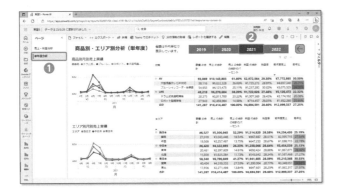

❶ ［単年度分析］が表示されます。

❷ ［2021］のボタンをクリックしてグラフやマトリックスが切り替わることを確認します。

Step 7 ▶ ［マイワークスペース］をクリックして［マイワークスペース］に戻ります。

Step 8 ▶ 同様にしてレポート［実習4］を確認します。

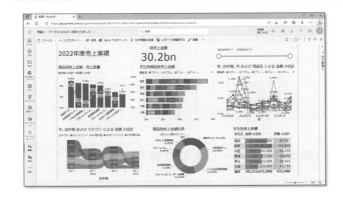

Step 9 ▶ 同様にしてレポート［実習5］を確認します。

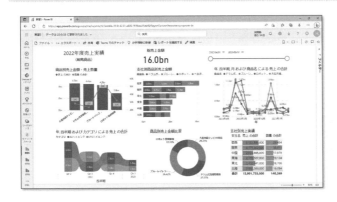

Tips 発行したレポートの削除

Power BI サービスに発行したレポートを削除したい場合は、[マイワークスペース]で削除したいレポートを選択し、[…]をクリックしてメニューを表示させ、一覧の中から[削除]をクリックします。

操作 発行したレポートを共有する

Power BI サービスに発行したレポート[実習4]を共有して、他のユーザーが閲覧できるようにしましょう。

Step 1 ▶ 共有したいレポート[実習4]を表示します。

Step 2 ▶ レポート[実習4]を共有します。

❶[共有]をクリックします。

Step 3 ▶ レポートを共有したいユーザーにリンクを送信します。

❶ レポートを共有したいユーザーの名前またはメールアドレスを入力します。

❷ メッセージを入力します。

❸ [送信] をクリックします。

Step 4 ▶ リンクの送信メッセージが表示されたら確認して閉じます。

One Point 共有したレポートの確認

共有したレポートのアクセス許可の状態を確認することができます。[マイワークスペース] で共有したレポートを選択し、[…] をクリックして一覧の [アクセス許可の管理] をクリックします。

レポートへのリンクやアクセス可能なユーザー、権限等が確認できます。

4-2-2　ダッシュボードの作成

　発行したレポートを基にして、任意のグラフやマトリックスなどを表示するダッシュボードを作成することができます。自動車のダッシュボードには、スピードメーター、タコメーター、燃料計、距離計など自動車の走行に必要な情報を表示する計器類が配置されていることから、データ分析に必要な情報を配置したページをダッシュボードと呼んでいます。

　ダッシュボードには異なるレポートから必要なグラフやテーブル、マトリックスなどのビジュアルを配置することができます。ダッシュボードにレポート内のビジュアルを配置することをピン留めするといいます。

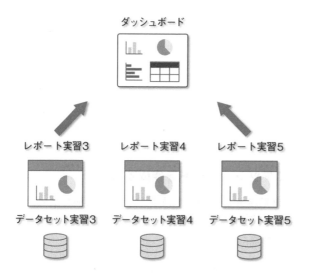

Tips　フィルターを設定しているレポート

スライサーなどでフィルターを設定しているレポートは、フィルターが有効な状態でダッシュボードにピン留めされます。表示したい値になっているか確認してからダッシュボードにピン留めしてください。

・完成例

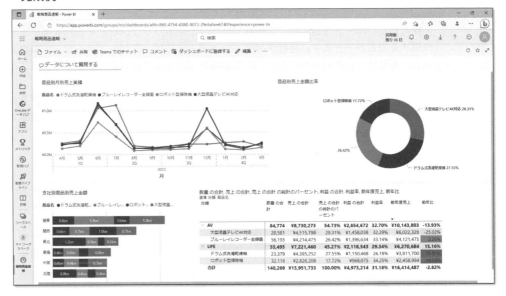

操作 グラフを追加してダッシュボードを作成する

　レポート［実習3］の［単年度分析］の折れ線グラフ［商品別月別売上実績］とマトリックス［分類］と、レポート［実習5］の積み上げ横棒グラフ、ドーナツグラフをピン留めしてダッシュボード［戦略商品速報］を作成しましょう。

Step 1 ▶ レポート［実習3］のページ［単年度分析］を表示します。

Step 2 ▶ 折れ線グラフ［商品別月別売上実績］をピン留めします。

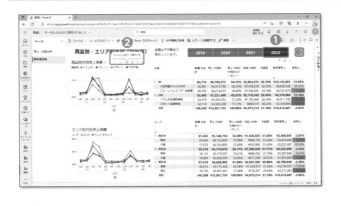

❶ スライサーの［2022］ボタンをクリックします。

❷ 折れ線グラフ［商品別月別売上実績］の［ビジュアルをピン留めする］をクリックします。

178

Step **3** ▶ ピン留めするダッシュボードを指定します。

❶ [どこにピン留めしますか？] の [新しいダッシュボード] が選択されていることをします。

❷ [ダッシュボード名] に「戦略商品速報」と入力します。

❸ [ピン留め] をクリックします。

Step **4** ▶ 「ダッシュボードにピン留めしました」のメッセージが表示されたら確認して閉じます。

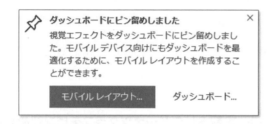

Step **5** ▶ 同様にしてマトリックス[分類] をピン留めします。

Step **6** ▶ ピン留めするダッシュボードを指定します。

❶ [どこにピン留めしますか？] の [既存のダッシュボード] が選択されていることをします。

❷ [既存のダッシュボードを選択する] に [戦略商品速報] と表示されていることを確認します。

❸ [ピン留め] をクリックします。

Step **7** ▶ 同様にして、レポート[実習5] の積み上げ横棒グラフをピン留めします。

Step 8 ▶ タイルのテーマを指定します。

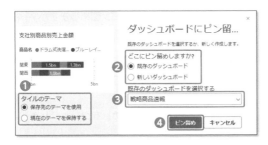

❶ [タイルのテーマ]の[保存先のテーマを使用]をクリックします。

❷ [どこにピン留めしますか？]の[既存のダッシュボード]が選択されていることを確認します。

❸ [既存のダッシュボードを選択する]に[戦略商品速報]と表示されていることを確認します。

❹ [ピン留め]をクリックします。

Tips　異なるテーマのビジュアル

異なるテーマが設定されたビジュアルをダッシュボードにピン留めすると、保存先のテーマを使用するか現在のテーマを使用するかを選択するオプションボタンが表示されます。ダッシュボードのビジュアルに統一感を持たせるには、[保存先のテーマを使用]を選択すると良いでしょう。

Step 9 ▶ 同様にして、レポート[実習5]のドーナツグラフをピン留めします。

操作　ダッシュボード[戦略商品速報]を確認する

作成したダッシュボード[戦略商品速報]を確認し、タイルの位置を調整しましょう。

Step 1 ▶ ダッシュボード[戦略商品速報]を表示します。

❶ [ナビゲーション]ウィンドウの[マイワークスペース]をクリックします。

❷ ダッシュボード[戦略商品速報]が作成されていることを確認します。

❸ [戦略商品速報]をクリックします。

Step **2** ▷ ダッシュボード［戦略商品速報］のレイアウトを調整します。

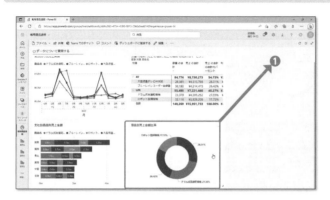

❶ ドーナツグラフをポイントしマ
ウスポインタの形が🖐になった
らドラッグしてマトリックスの右
側に移動します。

Step **3** ▷ 同様にして、図を参考にマトリックスをダッシュボードの下段に
配置します。

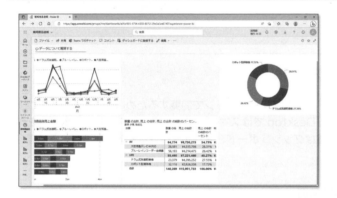

Step **4** ▷ 折れ線グラフの幅を広げます。

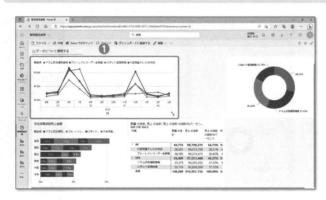

❶ 折れ線グラフの右下角をポイ
ントしマウスポインタの形が
両方向の矢印になったら図を
参考に横幅を広げます。

Step 5 ▶ 図を参考にタイルのサイズを調整します。

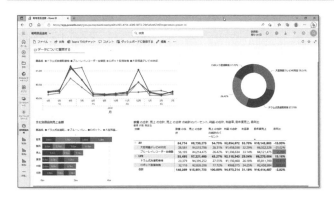

Tips レポートの表示

ダッシュボードのタイルをクリックすると、配置したビジュアルを作成したレポートが表示されます。

4-2-3 モバイルレイアウト

作成したダッシュボードからスマートフォンで閲覧するためのモバイルレイアウトを作成できます。また、Power BI Desktop ではスマートフォン用レイアウトのレポートを作成することもできます。情報の閲覧はダッシュボード、ドリルダウンなどの分析を行いたい場合はレポートを作成します。

・ダッシュボードの完成例

・レポートの完成例

操作 **ダッシュボードのモバイルレイアウトを作成する**

ダッシュボード［戦略商品速報］からモバイルレイアウトを作成しましょう。スマートフォンではグラフだけ閲覧できるように設定しましょう。

Step 1 ▶ モバイルレイアウトに切り替えます。

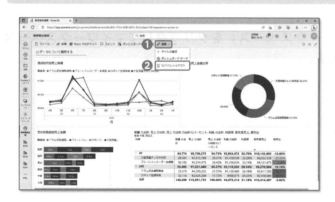

❶［編集］をクリックします。

❷［モバイルレイアウト］をクリックします。

Step 2 ▶ モバイルレイアウトを編集します。

❶ スマートフォンのイメージが
表示されます。

❷ マトリックスが表示されるま
でスクロールします。

❷ マトリックスをポイントし［タ
イルの非表示］をクリックし
ます。

Step 3 ▶ ピンを外したタイルにマトリックスが表示されます。

Step 4 ▶ ［マイワークスペース］をクリックしてマイワークスペースを表
示します。

One Point スマートフォンでの閲覧

ダッシュボードをスマートフォンで閲覧するには、スマートフォンにスマートフォン用のアプリ、Microsoft Power BI をインストールして閲覧します。閲覧するダッシュボードは事前に共有しておく必要があります。

共有された相手がスマートフォンからダッシュボードを閲覧すると、次の図のように表示されます。[タイルを展開]をクリックすると、スマートフォンでタイルの内容が確認できます。

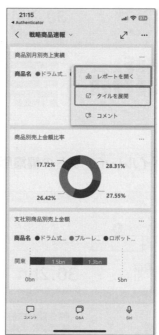

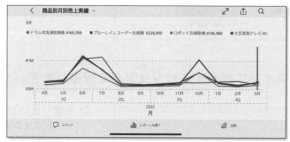

操作 レポート［実習4］のモバイルレイアウトを作成する

レポート［実習4］のモバイルレイアウトを Power BI サービスで作成しましょう。スマートフォンで閲覧しやすいように、上から下に向かって縦方向にビジュアルを配置しましょう。

Step **1** ▶ レポート［実習 4］を表示します。

Step **2** ▶ レポート［実習 4］を編集できるようにします。

❶［編集］をクリックします。

Step **3** ▶ モバイルレイアウトの編集画面を表示します。

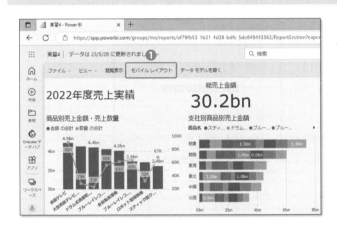

❶［モバイル レイアウト］をクリックします。

Step **4** ▶ スマートフォンに表示するビジュアルを配置します。

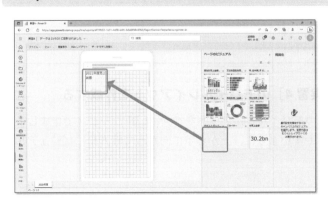

❶ 配置したいビジュアルをスマートフォンのキャンバスにドラッグします。

Step 5 ▶ 配置したビジュアルの書式を調整します。

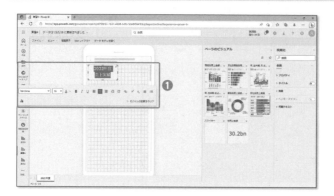

❶ スマートフォン用にビジュアルのフォントサイズなどを調整します。

Tips **Power BI サービスでのレポートの編集**

Power BI サービスでも Power BI Desktop と同様の操作でビジュアルのフォントサイズなどの書式の調整ができます。

Step 6 ▶ 同様の操作でスマートフォンに表示するビジュアルを順番に配置します。

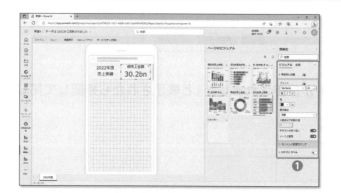

❶ スマートフォン用にビジュアルの書式を調整します。

Tips **ビジュアルの一括削除**

モバイル レイアウトに配置したビジュアルをまとめて削除したい場合は、 ◇ ［視覚化をすべて削除］をクリックします。

Step 7 ▶ マイワークスペースに切り替えます。

❶ ［マイワークスペース］をクリックします。

Tips Web レイアウトに戻すには

Web 用のレイアウトに戻したい場合は、［Web レイアウト］をクリックします。

Step 8 ▶ 未保存の変更メッセージが表示されたら[保存]をクリックします。

Step 9 ▶ 「レポートが保存されました」と表示されたら確認して閉じます。

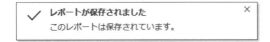

One Point　**Power BI Desktop のレポートのモバイル レイアウト**

Power BI Desktop でもレポートのモバイル レイアウトを作成することができます。

モバイルレイアウトを作成したいレポートを選択し、[表示] タブの [モバイル レイアウト] をクリックしてモバイル レイアウト用のキャンバスを表示します。

Power BI サービスと同様の操作でレポートのモバイル レイアウトを作成し、[ホーム] タブの [発行] をクリックして Power BI サービスに発行します。

モバイル レイアウトから Web 用のレイアウトに戻すには、もう一度 [表示] タブの [モバイル レイアウト] をクリックします。

4-3　レポートのデータの更新と便利な機能

　Power BI サービスにレポートを発行した後、レポートの基データが頻繁に更新される場合は、レポートのデータセットを更新する必要があります。

　データセットを更新するには、次の方法があります。

- Power BI Desktop から再度レポートを発行し、データセットを再登録します。
- Power BI サービスに登録したデータを更新します。

　データが更新されるたびに Power BI サービスにレポートを発行するのは現実的ではないため、Power BI サービスに登録したデータを更新する方法を説明します。
　本書ではレポートの基データは、自分のパソコンもしくは社内ネットワークにあるデータを使う想定としています。その場合は、Microsoft 社のオンプレミスデータゲートウェイと呼ばれる社内ネットワークにあるデータセットを更新するためのソフトウェアをインストールしてからデータの更新を行います。

　企業内の情報セキュリティの基準によって、各自のパソコンにオンプレミスデータゲートウェイがインストールできないよう制限が掛けられている場合や、利用者が限定されている場合があります。情報システム部門に確認して情報セキュリティルールに則って運用を行ってください。

4-3-1　オンプレミスデータゲートウェイのインストール

　オンプレミスデータゲートウェイは Power BI サービスからダウンロードサイトを表示してインストーラーを入手できます。
　インストーラーを入手してオンプレミスデータゲートウェイをインストールしましょう。

・オンプレミスデータゲートウェイを利用するための最小システム要件

OS	Windows 8.1 以降または 64 ビットバージョンの Windows Server 2012 R2 .NET Framework 4.7.2（2020 年 12 月以前のゲートウェイリリース） .NET Framework 4.8（2021 年 2 月以降のゲートウェイリリース）
メモリ(RAM)	8GB 以上を推奨
CPU	8 コア以上を推奨
通信環境	常時稼働可能、有線での高速インターネット接続が利用できる端末へのインストールを推奨

> **Tips　オンプレミスとは**
>
> クラウドで稼働する Power BI サービスなどのソフトウェアサービスをオンデマンドと呼びます。それに対して、サーバーやソフトウェアなどの情報システムを使用者が管理している施設の構内に機器を設置して運用することをオンプレミスといいます。

操作 オンプレミスデータゲートウェイのダウンロードとインストールを行う

オンプレミスデータゲートウェイをインストールしましょう。

Step 1 ▶ ダウンロードページを表示します。

❶ Power BI サービスの [ダウンロード] をクリックします。

❷ [データゲートウェイ] をクリックします。

Step 2 ▶ インストーラーをダウンロードします。

❶ [標準モードのダウンロード] をクリックします。

Step 3 ▶ ダウンロードしたインストーラー GatewayInstall.exe を実行します。

4

Power BI サービスでのレポート運用

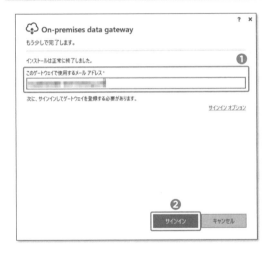

❶ [このゲートウェイで使用するメールアドレス]に Power BI サービスのアカウントを入力します。

❷ [サインイン]をクリックします。

Step **6** ▶ Power BI サービスのアカウントを入力します。

❶［サインイン］に Power BI サービスのアカウントを入力します。

❷［次へ］をクリックします。

Step **7** ▶ Power BI サービスのパスワードを入力します。

❶［パスワードの入力］に Power BI サービスのパスワードを入力します。

❷［サインイン］をクリックします。

4

Power BI サービスでのレポート運用

Step **8** ▶ 新しいゲートウェイを登録します。

❶ [このコンピューターに新しいゲートウェイ
を登録します。] をクリックします。

❷ [次へ] をクリックします。

Step **9** ▶ ゲートウェイの名前と回復キーを入力してゲートウェイを構成します。

❶ [新しい on-premises data gateway の名
前] を入力します。

❷ [回復キー] ボックスに 8 文字以上の任意の
キーを入力します。

❸ [回復キーを確認する] ボックスに同じキー
を入力します。

❹ [構成] を入力します。

Tips 回復キー

回復キーはデートウェイの復元に必要になります。必ず控えておきましょう。

Step 10 ▶ 設定を有効にするためにゲートウェイを再起動します。

❶［すぐに再起動］をクリックします。

Step 11 ▶ ゲートウェイ サービスを再起動しますか？のメッセージが表示されたら［すぐに再起動］をクリックします。

Step 12 ▶ 確認して［閉じる］をクリックします。

4-3-2 Power BI サービスでのレポートの更新

オンプレミスデータゲートウェイの設定が完了したら、初めにデータソース（レポートのデータセット）として使用したファイルやフォルダーのパス、パソコンへのサインイン ID とパスワードなどを指定し、次にそのデータソースをどのレポートに使用しているかを紐付けることでレポートのデータを更新します。

操作 **Power BI サービスでデータソースを設定する**

Power BI サービスでデータソースを設定しましょう。ここではレポート［実習 4］のデータソースを指定する方法で説明します。

Step 1 ▶ ［データ］ウィンドウを表示します。

❶ ［設定］をクリックします。

❷ ［設定］をポイントします。

❸ ［接続とゲートウェイの管理］をクリックします。

Step 2 ▶ データソースを追加します。

❶ ［＋新規］をクリックします。

Step **3** ▶ 表を参考に［新しいデータソース］の設定を入力し［作成］をクリックします。

以下は 2022 売上実績 .xlsx を例に説明します。

①データソースの場所	オンプレミス（社内ネットワーク）
②データウェイクラスター名	作成したデータゲートウェイを一覧から選択
③接続名	使用したファイルやフォルダーの名称など任意の名前
④接続の種類	ファイル[※1]
⑤完全なパス	ファイルの場所をフルパスで指定 C:¥Users¥ ユーザー名[※2]¥Documents¥Power BI¥ 実習データ ¥2022 売上実績 .xlsx
⑥認証方式	Windows
⑦Windows ユーザー名	Windows のログインユーザー名
⑧Windows パスワード	Windows のログインユーザーのパスワード

※1：ファイルの場合は「ファイル」、フォルダーの場合は「フォルダー」を指定します。
※2：ユーザー名は自分のユーザー名に読み替えてください。

4

Power BI サービスでのレポート運用

One Point 他のデータソースの保存先

データソース［実習 3］、［実習 5］に使用しているファイルの保存先は次の表の通りです。
データソース［実習 3］、［実習 5］も設定する場合は、参考にしてください。

データソース[実習 3] が参照しているファイル、フォルダー	
フォルダ	C:¥Users¥ ユーザー名 ¥Documents¥Power BI¥ 実習データ ¥ 戦略商品売上実績
ファイル	C:¥Users¥ ユーザー名 ¥Documents¥Power BI¥ 実習データ ¥ マスタテーブル .xlsx
データソース[実習 5] が参照しているファイル	
ファイル	C:¥Users¥ ユーザー名 ¥Documents¥Power BI¥ 実習データ ¥2022 売上実績 .xlsx
ファイル	C:¥Users¥ ユーザー名 ¥Documents¥Power BI¥ 実習データ商品カテゴリ .csv
ファイル	C:¥Users¥ ユーザー名 ¥Documents¥Power BI¥ 実習データ ¥ 戦略商品売上実績 ¥2022 実績 .xlsx

操作 Power BI サービスのデータセットにゲートウェイを設定する

　Power BI サービスのデータセットにゲートウェイを設定しましょう。ここではレポート［実習4］のデータセットにゲートウェイを設定しましょう。

Step 1 ▶ マイワークスペースのデータセット［実習4］の設定画面を表示します。

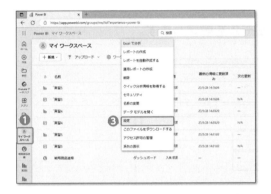

❶ マイワークスペースをクリックします。

❷ データセット［実習4］の［•••］をクリックします。

❸ ［設定］をクリックします。

Step 2 ▶ データセット［実習4］のゲートウェイを設定します。

❶ ［ゲートウェイ接続］をクリックします。

❷ ［商品カテゴリ.csv］のマップ先の一覧の［商品カテゴリ］をクリックします。

❸ ［2022売上実績.xlsx］のマップ先の一覧の［2022売上実績］をクリックします。

❹ ［適用］をクリックします。

Step 3 ▶ ［実習4 ゲートウェイ接続が更新されました］のメッセージが表示されたら確認して閉じます。

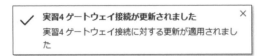

✓ 実習4 ゲートウェイ接続が更新されました ✕
　実習4 ゲートウェイ接続に対する更新が適用されました

┃操作┃ データセットを自動更新する

データセットを自動で更新できるよう、データを更新するスケジュールを設定しましょう。
ここではデータセット［実習4］のデータを更新するスケジュールを設定します。

Step 1 ▶ データセット［実習4］の設定画面を表示します。

Step 2 ▶ 更新するスケジュールを設定します。

❶ ［最新の情報に更新］をクリックします。
❷ ［情報更新スケジュールの構成］をオンにします。
❸ ［更新の頻度］を一覧からします。ここでは「毎日」を選択します。
　　毎日の他に毎週も選択できます。
❹ ［タイムゾーン］に「(UTC+09:00) 大阪、札幌、東京」と表示されていることを確認します。
❺ ［時刻］の［別の時刻を追加］をクリックし、任意の時刻を指定します。
　　ここでは 1:00AM を選択します。
❻ ［更新失敗に関する通知の送信先］の［データセットの所有者］がオンになっていることを確認します。
❼ ［適用］をクリックします。

Step 3 ▶ 「実習4 更新スケジュールが更新されました」のメッセージが表示されたら確認して閉じます。

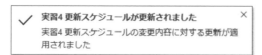

4-3-3　レポートの購読

Power BIサービスでは、レポートの更新をお知らせするレポートの購読を行うことができます。

操作　レポート［実習4］を購読する

レポート［実習4］を購読する設定を行いましょう。

Step 1 ▶ レポート［実習4］を表示します。

Step 2 ▶ レポート［実習4］の購読設定を行います。

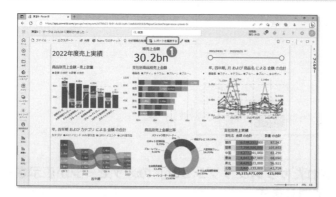

❶［レポートを購読する］をクリックします。

Step 3 ▶ 新しいサブスクリプションを追加します。

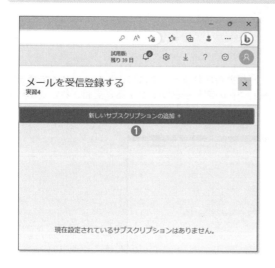

❶［＋新しいサブスクリプションの追加］をクリックします。

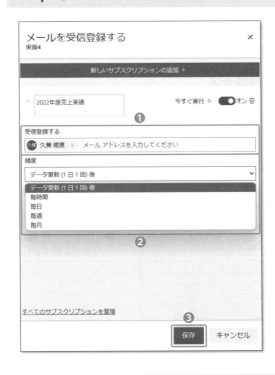

❶ [受信登録する] ボックスにレポートの購読者のメールアドレスを入力します。

❷ [頻度] ボックスでメールを送信する頻度を選択します。

❸ [保存] をクリックします。

Tips 送信されたメール

レポートの購読を設定したレポートが更新されると、下図のようなメールが届きます。オレンジ色の枠で囲んだ [Go to report >] の部分をクリックすると更新されたレポートを閲覧できます。

付　録

付録 マップグラフ

Power BI Desktop、Power BI サービスでは、国、都道府県、市区町村などの地理的情報や緯度や経度などがレポートのデータセットに含まれている場合、その情報を地図上に配置したマップグラフを作成することができます。

Power BI サービスでマップグラフを利用するには、組織で使用できるように設定する必要があります。地図と塗り分け地図の描画設定を管理ポータルで有効にするよう情報システム部門に相談してご利用ください。

付録 Power BI Desktop でのマップグラフの作成

Power BI Desktop は、既定値ではマップと塗り分け地図の画面表示が無効になっており、マップグラフを作成すると、データが表示されません。マップと塗り分け地図の画面表示の設定を有効にしてからマップグラフを作成します。

・マップと塗り分け表示が無効になっている場合の画面表示

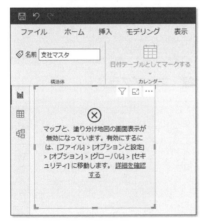

操作 マップと塗り分け表示を有効にする

Power BI Desktop でマップグラフを表示できるよう、マップと塗り分け地図の画面表示を有効にしましょう。

Step 1 ▶ Power BI Desktop を起動します。

Step 2 ▶ ［ファイル］タブの［オプションと設定］をクリックし、［オプション］をクリックして［オプション］ウィンドウを開きます。

Step 3 ▶ 地図と塗り分け地図の画像を有効にします。

❶ ［グローバル］の［セキュリティ］をクリックします。

❷ ［地図と塗り分け地図の画像を使用する］をオンにします。

❸ ［OK］をクリックします。

操作　マップグラフを作成する

　レポート［実習1］を開き、地域ごとに商品カテゴリの金額規模を比較するマップグラフを作成しましょう。

　※この実習は、レポート［実習1］または［実習1完成］を開いてから行ってください。

　※ Power BI サービスにサインインした状態では、マップが表示されない場合があります。本書ではサインアウトした状態で操作します。

Step 1 ▶ ［ファイル］タブの［レポートを開く］をクリックし、［レポートの参照］をクリックして、［開く］ダイアログボックスを表示します。

Step 2 ▶ レポート［実習1］を開きます。

Step 3 ▶ Power BI サービスにサインインしている場合は、ユーザー名をクリックし［サインアウト］をクリックします。

Step 4 ▶ 新しいページを挿入し、ページの名前を「map」に変更します。

Step 5 ▶ マップグラフを作成し、配置するフィールドを指定します。

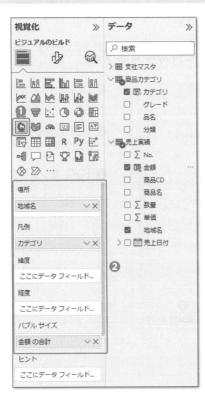

❶ ［マップ］をクリックします。

❷ 表を参考にフィールドを配置します。

位置	テーブル	フィールド
場所	売上実績	地域名
凡例	商品カテゴリ	カテゴリ
バブル サイズ	売上実績	金額

Step 6 ▶ マップグラフのサイズとビジュアルの書式を調整します。

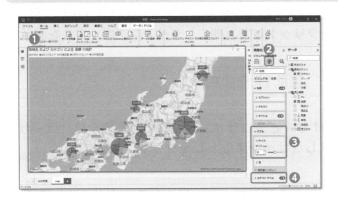

❶ レポートのキャンバス全体に表示されるようにマップグラフのサイズを広げます。

❷ ［視覚化］ペインの［ビジュアルの書式設定］をクリックします。

❸ ［バブル］の［サイズ］を任意のサイズに変更します。
※ここでは「30」に設定しています。

❹ ［カテゴリラベル］をオンにします。

One Point マップグラフでできること

操作手順で紹介した他にもマップグラフの書式を設定できます。次の図では、［ビジュアルの書式設定］で［マップの設定］の［スタイル］を「航空写真」に変更しています。スタイルを変更すると、マップの印象を変えられます。スタイルの既定値は「道路」です。

また、マップグラフのバブルをポイントすると、バブルの値を確認できます。
図では「石川県の LIFE ハイエンド」をポイントしています。

著者紹介

塚原 久美（つかはら くみ）

1995年Windows 95の爆発的なブームを契機に、パソコン関係の仕事がしたいと一念発起し、事務職からパソコンのインストラクターに転身。1997年から2003年までパソコンのインストラクター職に従事。現在は、株式会社ベストプランニングに所属し、業務用アプリケーションのマニュアル作成、運用サポートなどの業務に従事している。その傍らでパソコン関連の原稿を多数執筆。難しい内容をわかりやすく伝えることを信念としている。

Power BIデータ分析入門

2023年6月26日　初版第1刷発行

著　　者	塚原 久美	
発 行 者	中川 ヒロミ	
発　　行	株式会社日経BP	
	〒105-8308　東京都港区虎ノ門4-3-12	
発　　売	株式会社日経BPマーケティング	
	〒105-8308　東京都港区虎ノ門4-3-12	
装　　丁	松岡 青子（Club Advance）	
制　　作	クニメディア株式会社	
印　　刷	大日本印刷株式会社	

© 2023 Kumi Tsukahara　　ISBN978-4-296-08030-4　　Printed in Japan